RAINER KÖTHE

Astro nomie

ganz einfach

Gestaltet & illustriert
von Gunther Schulz

Basiswissen
Planeten, Sterne, Galaxien

Eine spektakuläre Reise
durch unser Universum

KOSMOS

Unser Platz im Weltall

Unsere Heimat, die Erde, ist nur ein winziger Fleck im unermesslich großen Kosmos. Die Entfernung zum Mond können wir in unserer Vorstellung gerade noch erfassen, doch schon der nächste Nachbarstern ist unvorstellbar weit entfernt. Eine fiktive Reise mit einem superschnellen Raumschiff von der Erde ins All zeigt uns die riesige Ausdehnung des Universums.

1 Die Erde – eine kleine blaue Kugel

Gleich nach dem Start durchstößt das Raumschiff die Lufthülle der Erde. Europa versinkt unter ihm. Schon bald ist unser Planet nur noch eine blauweiße Kugel auf tiefschwarzem Hintergrund, begleitet vom Mond.

Sonne

3 Die Sonne – ein Stern wie viele andere

Nun ist das Raumschiff schon weit in die Sternenwelt vorgedrungen. Die Sonne erscheint nur noch als Lichtpunkt, als ein Stern unter vielen in ihrer Nachbarschaft. Diese Sterne stehen so weit auseinander, dass selbst das schnelle Licht von einem zum anderen viele Jahre braucht.

2 Blick auf das Planetensystem

Das Raumschiff hat bereits den Bereich von Sonne und Erde hinter sich gelassen. Die Erde ist jetzt nur noch ein winziges Pünktchen zwischen den anderen Planeten, die mit ihr gemeinsam die Sonne umrunden.

← Erde

7 Die Schaumstruktur des Universums

Am Ende unserer fiktiven Reise befindet sich das Raumschiff in den leeren Weiten des Alls. Das Universum zeigt eine gigantische Struktur, die an Seifenschaum erinnert – nur bestehen die Blasen-wände oder „Filamente" aus Galaxienhaufen und Superhaufen, und sie umschließen weite, fast leere Räume. Besonders dicht ste-hen die Galaxienhaufen an den Schnittpunkten der Filamente und bilden hier Superhaufen aus jeweils einigen zehntausend Galaxien.

5 Unsere Nachbargalaxien – die Lokale Gruppe

Beim Weiterfliegen erkennt der Raumfahrer, dass unsere Milchstraße nur ein Sternsystem unter vielen anderen ist. Zusammen mit einigen Dutzend wei-teren Galaxien bildet sie einen kleinen Haufen, den die Astronomen „Lokale Gruppe" nennen.

6 Zu Hause im Lokalen Superhaufen

Die Lokale Gruppe wiederum zeigt sich als ein kleiner Galaxienhaufen unter weiteren im „Lokalen Superhaufen". Dieser Superhaufen besteht aus etwa 100 Galaxienhaufen mit einigen tausend Galaxien, manche weit größer als unsere Milchstraße. Ein Lichtstrahl benötigte zum Durchlaufen unvorstellbare 200 Millionen Jahre.

→ Milchstraße

↑ Lokale Gruppe

4 Die Milchstraße – ein gigantisches Feuerrad

Der Raumfahrer hat die Galaxis, also unser Milchstra-ßensystem, verlassen und schaut jetzt auf diese gewaltige, von hell leuchtenden Spiralarmen durchzogene Scheibe aus über 100 Milliar-den Sternen. Unsere Sonne ist nur noch ein winziges Pünktchen irgendwo am Rand dieser Scheibe. Gigantisch ist dieses Feuerrad: Selbst das Licht braucht über 100.000 Jahre, um es zu durchmessen!

↑ Sonne

Unser Sonnensystem

Erde und Mond sind Teil einer großen Familie von Himmelskörpern im Bereich der Sonne. Sie sind durch die Schwerkraft an die Sonne gebunden, und empfangen von ihr Licht und Wärme. Die größten Mitglieder des Sonnensystems nennt man Planeten, und die Erde ist einer unter den insgesamt acht Planeten Merkur, Venus, Erde, Mars, Jupiter, Saturn, Uranus und Neptun.

Die vier äußeren Planeten sind Riesenplaneten mit einer gewaltigen Gashülle. Die vier inneren, sonnennahen Planeten hingegen haben durch die Einstrahlung der Sonne einen Großteil ihrer Gase verloren und sind im Wesentlichen Gesteinskugeln. Die meisten Planeten werden ihrerseits von kleineren Himmelskörpern umrundet, den Monden. Die Erde besitzt nur einen Mond, manche Planeten haben aber sogar einige Dutzend.

Zudem umkreisen noch einige kleinere Kugeln die Sonne, die man Zwergplaneten nennt. Und schließlich enthält das Sonnensystem gewaltige Mengen von Gesteins- und Eisbrocken. Die weitaus meisten dieser Brocken haben sehr unregelmäßige Formen und befinden sich in riesigen „Wolken" in den fernen, kalten und dämmrigen Randbezirken des Sonnensystems. Hunderttausende Gesteinsbrocken kreisen jedoch auch zwischen der Mars- und der Jupiterbahn im so genannten Planetoidengürtel.

Saturn

Neptun

Erde

Unser Heimatplanet

Die Erde ist unser Heimatplanet und der einzige Begleiter unserer Sonne, der intelligentes Leben trägt – vielleicht sogar der einzige, der überhaupt Leben birgt. Grund dafür sind zahlreiche besondere Bedingungen, die nur die Erde aufweist. Sie hat dank einer günstigen Entfernung zur Sonne geeignete Umgebungstemperaturen für Leben – zumindest für solches, wie wir es kennen. Dazu besitzt sie große Ozeane aus Wasser und eine dichte Lufthülle, die neben vielen anderen Vorteilen gefährliche, energiereiche Strahlen von der Erdoberfläche fernhält. Eine weitere wichtige Voraussetzung für das irdische Leben schließlich ist ihr besonders großer Mond.

Die verschiedenen Schichten der Erdatmosphäre mit einigen Leuchterscheinungen und Flugobjekten.

900 km

850

800

750

700

Exosphäre
Übergang zum Weltraum
bis 1000 km

650

600

Hubble-Weltraumteleskop

550

500

450

Thermosphäre
bis 400 km

400

350

Space Shuttle

300

250

Polarlicht

200

150

**Stern-
schnuppe**

100

Mesosphäre
bis 80 km

Stratosphäre
bis 50 km

50

Ozonschicht

Troposphäre
bis 15 km
Jegliches Wettergeschehen
spielt sich in dieser Schicht ab.

Wasser und Luft

Rund zwei Drittel der Erdoberfläche sind von Wasser bedeckt. Das Wasser ist unerlässlich für das irdische Leben. Die großen Wassermengen dämpfen die Temperaturschwankungen, das Wasser ist selbst ein wichtiger Lebensraum, in dem das Leben vermutlich sogar entstand.

Umgeben ist die Erde von einer etwa 600 Kilometer hohen Lufthülle, die ebenfalls für ausgeglichene Temperaturen sorgt. Sie besteht in den unteren Schichten zu einem Fünftel aus freiem Sauerstoff, den die grünen Pflanzen durch Aufspalten von Wasser mittels Sonnenlicht erzeugen. Für fast alle Lebewesen ist dieser Sauerstoff lebenswichtig. Zudem bildet er in etwa 30 Kilometer Höhe die Ozonschicht, die einen Großteil der energiereichen ultravioletten Sonnenstrahlen abschirmt.

Kleinere Gesteinsbrocken aus dem All verglühen in der Atmosphäre und erzeugen so Sternschnuppen, größere allerdings durchschlagen sie. Weil die Luftmoleküle den blauen Anteil des Sonnenlichts besonders stark streuen, erscheint die Atmosphäre von unten gesehen als blauer Himmel, dessen Farbe die Ozeane reflektieren.

Im Wechsel der Jahreszeiten

Die Erdachse steht nicht senkrecht auf der Ebene ihrer Umlaufbahn um die Sonne, sondern um 23,5 Winkelgrade geneigt. Dadurch ist mal die Nordhalbkugel, ein halbes Jahr später die Südhalbkugel stärker der Sonne zugewendet und empfängt mehr Strahlung – entsprechend ändern sich die Temperaturen. So entstehen Sommer und Winter und die Übergangsjahreszeiten Frühling und Herbst – auf beiden Halbkugeln jeweils um ein halbes Jahr versetzt.

23,5°

Erdbahn

20. März

**Frühling Nord
(Herbst Süd)**

21. Juni

**Sommer Nord
(Winter Süd)**

Erdachse

21. Dezember

**Winter Nord
(Sommer Süd)**

23. September

**Herbst Nord
(Frühling Süd)**

Die Geschichte des Lebens

Wie das Leben entstand, weiß man noch nicht genau. Wahrscheinlich boten warme, mineralreiche Quellen auf der Urerde geeignete Bedingungen. Auf jeden Fall tauchten primitive Lebewesen schon einige hundert Jahrmillionen nach der Entstehung der Erde auf. Lange Zeit gab es nur einzellige Formen, aber sie entwickelten schon wichtige Fähigkeiten, etwa die Energiegewinnung aus Sonnenlicht. Damit erhöhten sie den Sauerstoffgehalt der Luft. Vor mindestens einer Milliarde Jahren kamen mehrzellige Lebewesen auf, und vor ungefähr 400 Millionen Jahren eroberten erst die Pflanzen, dann die Tiere das Festland.

Immer wieder bedrohten allerdings Einschläge von Riesenmeteoriten das irdische Leben und ließen einen großen Teil der jeweiligen Arten aussterben. So verschwanden vor etwa 65 Millionen Jahren unter anderem die Dinosaurier und machten damit freilich auch den Weg frei für die Weiterentwicklung der Säugetiere und schließlich des Menschen.

Der etwa 170 Meter tiefe Barringer-Krater im US-Bundesstaat Arizona entstand vor rund 50.000 Jahren durch den Einschlag eines Meteoriten. Mit 50 Metern Durchmesser war er viel kleiner als die Einschlagkörper, die Massensterben verursachten.

Schon gewusst?

Seit einiger Zeit weiß man, dass der Mond die Erdrotation stabilisiert. Ohne ihn würde unser Planet stark taumeln. Auf einer torkelnden Erde aber gäbe es keine stabilen Jahreszeiten und Klimazonen – die gleiche Region könnte mal heiße Wüste sein, bald darauf unter Eis liegen. Höheres Leben hätte sich unter solchen Umständen kaum entwickeln können.

Ebbe und Flut

Die Gezeiten werden vor allem durch den Mond bewirkt, der mit der Erde um einen gemeinsamen Punkt kreist. Die Anziehungskraft des Mondes überwiegt auf der mondnahen Seite der Erde und hebt das Ozeanwasser dort an, die Fliehkraft, die durch die Kreisbewegung der Erde um den gemeinsamen Punkt hervorgerufen wird, überwiegt auf der mondabgewandten Seite und verursacht dort den zweiten Wasserberg. Im Ozean erzeugen diese Kräfte also zwei Flutberge, unter denen sich die Erde täglich hindurchdreht, sowie zahlreiche Strömungen, die in den Meeresbecken umherschwappen. Auch die Sonne spielt eine Rolle: Je nach ihrer Stellung zu Mond und Erde hebt sie das Wasser noch etwas höher, oder sie sorgt für eine geringere Fluthöhe.

Der Mond verursacht mit seiner Schwerkraft die Gezeiten.

Flutberg

Flutberg

Fliehkraft

Anziehungskraft

Erddrehung

Mondbahn

Erde in Zahlen

Mittlere Entfernung von der Sonne	149,6 Millionen Kilometer
Flugzeug von Erde bräuchte	17 Jahre
Licht braucht	8,3 Minuten
Durchmesser	12.756 Kilometer
Masse	6000 Trillionen Tonnen
Umlaufzeit um Sonne	365 Tage, 6 Stunden, 9 Minuten
Rotationszeit	23 Stunden, 56 Minuten, 4 Sekunden
Monde	1

Mond   Der Trabant der Erde

Der Mond ist der uns am besten bekannte Himmelskörper. Kein Wunder: Er ist bei weitem unser nächster Nachbar. Schon das bloße Auge erkennt auf seiner Oberfläche Einzelheiten: die dunklen Flecken, in denen man mit etwas Fantasie ein Gesicht, einen alten Mann oder einen Hasen erkennt.

Unseren Vorfahren diente er als wichtiger Zeitgeber. In einem Rhythmus von knapp 30 Tagen (etwa vier Wochen) wechselt er täglich sein Aussehen und bot so die Grundlage für die Zeitmaße Woche und Monat. Im christlichen Kalender bestimmt er außerdem das Datum des Osterfestes (der Sonntag nach dem ersten Vollmond im Frühling) und damit auch des Pfingstfestes. Der islamische Kalender fußt sogar weitgehend auf dem Mond: Jeder islamische Monat beginnt mit der Sichtung der jüngsten Mondsichel.

Die Mondphasen

Der Mond dreht sich wie alle Himmelskörper um seine eigene Achse. Aber gleichzeitig umläuft er die Erde, und zwar in exakt der gleichen Zeit, die er für eine Eigendrehung benötigt – 27,3 Tage. Daher kehrt er uns immer die gleiche Seite zu.

Der Mond sendet kein eigenes Licht aus. Wir sehen ihn nur, wenn er von der Sonne angestrahlt wird. Liegt die uns zugewandte Seite im vollen Sonnenlicht, erscheint er als runder Vollmond. Das ist alle 29,5 Tage der Fall. Meist aber stehen Sonne, Mond und Erde so zueinander, dass wir nur einen Teil der beleuchteten Mondseite erkennen. Dadurch entstehen die unterschiedlichen Mondphasen, etwa die Mondsichel und der Halbmond. Steht unser Begleiter in Richtung zur Sonne, liegt der uns zugewandte Teil im Schatten und ist daher unsichtbar – diese Phase nennt man Neumond.

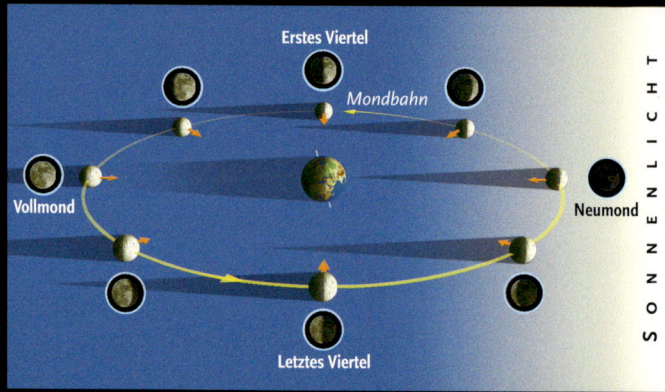

Die Entstehung der Mondphasen. Der äußere Kreis zeigt den Anblick des Mondes zu verschiedenen Zeiten von der Erde, der innere illustriert die Situation vom Weltraum aus. Eine Hälfte des Mondes liegt immer im Sonnenlicht, gleichzeitig wendet der Mond bei seinem Umlauf der Erde immer dieselbe Seite zu (s. orangefarbener Pfeil). Daher wandert das Sonnenlicht jeden Tag ein Stückchen weiter über seine Oberfläche.

Mondmeere und Krater

Die Mondmeere (lat. Mare, Plural: Maria) sind die dunklen Flecken des „Mondgesichts", es sind keine Wassermeere, sondern erstarrte Lavadecken. Vor etwa 3,9 Milliarden Jahren durchschlugen hier Meteorite die damals noch dünne Kruste des jungen Mondes, so dass glutflüssiges Gestein aus dem Mondinnern emporquoll und dann erstarrte. Dadurch heben sie sich deutlich ab von der ursprünglichen, weit älteren Mondkruste, also den Hochländern aus hellerem Gestein.

Das Mare Humorum (Meer der Feuchtigkeit) mit dem großen Krater Gassendi hat rund 390 km Durchmesser.

Schon im Fernglas zeigt sich der Mond übersät von Einschlagkratern. Ursache sind ebenfalls Meteorite, Felsbrocken aus dem All, die seit der Entstehung des Sonnensystems ungebremst einschlagen und Krater ausheben. Das Bombardement hat im Laufe der Zeit die Gesteine der Mondoberfläche zermahlen. Der Mond ist daher meterhoch mit aschgrauem Regolith bedeckt, einem Trümmermaterial aus Teilchen jeder Größe von feinstem Staub bis zu metergroßen Brocken.

Mondgebirge und -täler

Neben den Mondmeeren und den helleren Hochländern besitzt der Mond Gebirge, die bis zu 10 Kilometer emporragen und nach irdischen Gebirgen benannt sind. Eindrucksvoll sind auch die Täler und tiefe, gewundene Rinnen, die vermutlich einst Lavahöhlen waren. Krater findet man in besonders hoher Zahl in den Hochländern; die dunkleren Gebiete sind recht arm an Kratern.

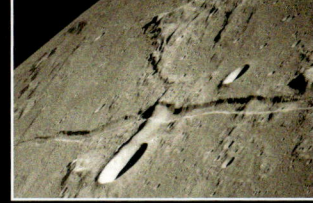
Eine Rille auf dem Mond.

Menschen auf dem Mond

Es war ein Triumph der Raumfahrt und die Erfüllung eines alten Traums der Menschheit, als am 20. Juli 1969 die ersten Menschen auf der Mondoberfläche umherstapften, Messinstrumente aufstellten und Gesteinsproben zur Erde zurückbrachten. Als erster Mensch setzte der US-Amerikaner Neil Armstrong einen Fuß in den Mondstaub. Die Landestellen der bemannten und unbemannten Mondexpeditionen sind auf der Karte farbig markiert.

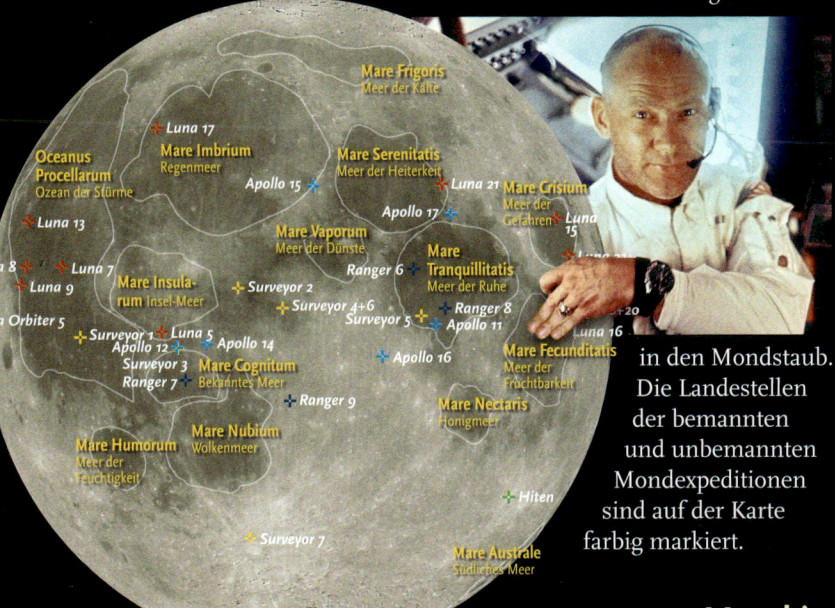

Mare Frigoris
Meer der Kälte
Luna 17
Mare Imbrium
Regenmeer
Oceanus Procellarum
Ozean der Stürme
Apollo 15
Mare Serenitatis
Meer der Heiterkeit
Luna 21
Mare Crisium
Meer der Gefahren
Luna 15
Luna 13
Apollo 17
Mare Vaporum
Meer der Dünste
Luna 8
Luna 7
Ranger 6
Mare Tranquillitatis
Meer der Ruhe
Luna 9
Mare Insularum
Insel-Meer
Surveyor 2
Ranger 8
Luna Orbiter 5
Surveyor 4+6
Surveyor 5
Apollo 11
Luna 16
Surveyor 1
Luna 5
Apollo 12
Apollo 14
Mare Fecunditatis
Meer der Fruchtbarkeit
Surveyor 3
Mare Cognitum
Bekanntes Meer
Apollo 16
Ranger 7
Ranger 9
Mare Nectaris
Honigmeer
Mare Nubium
Wolkenmeer
Mare Humorum
Meer der Feuchtigkeit
Hiten
Surveyor 7
Mare Australe
Südliches Meer
Lunar Prospector

Die lateinischen und deutschen Namen der Mondmeere sowie die Landestellen der Mondexpeditionen.
Oben rechts: Neil Armstrong, der erste Mensch auf dem Mond.

Die Rückseite des Mondes

... ist ständig von der Erde abgewandt. Erst die sowjetische Raumsonde *Lunik 3* lieferte 1959 erste Bilder – und sorgte für eine Überraschung, weil sich die beiden Mondseiten deutlich unterscheiden. Die Rückseite besitzt kaum Mondmeere, dafür aber weit mehr Krater – darunter nahe dem Südpol ein gewaltiges Einschlagbecken mit über 2200 km Durchmesser und 13 km Tiefe.

Der Mond von hinten.

Mond in Zahlen

Mittlere Entfernung von der Erde	384.000 Kilometer
Flugzeug von Erde bräuchte	16 Tage
Licht braucht	1,3 Sekunden
Größte Entfernung von Erde	406.700 Kilometer
Kleinste Entfernung von der Erde	356.400 Kilometer
Durchmesser	3475 Kilometer
Durchmesser vgl. zur Erde	27 %
Masse vgl. zur Erde	1/81
Umlaufzeit um Erde	27,3 Tage
Zeit zwischen zwei Vollmonden	29,5 Tage
Rotationszeit	27,3 Tage

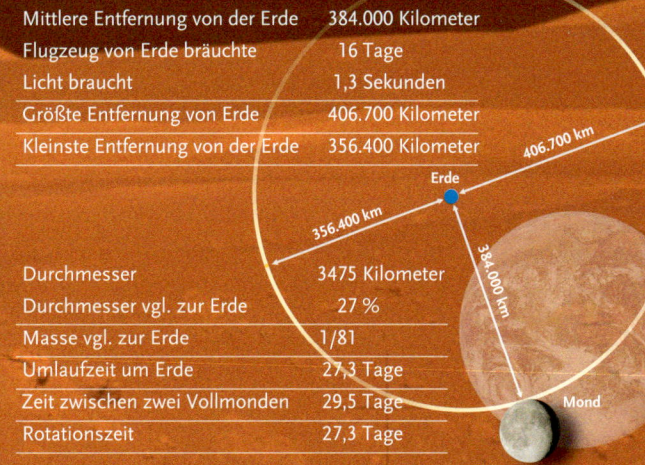

406.700 km
Erde
356.400 km
384.000 km
Mond

Sonne

Ein glühender Ball aus Gas

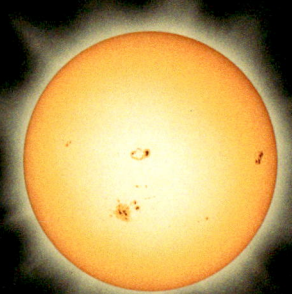

Als gleißende Scheibe geht sie morgens auf, zieht ihre tägliche Bahn, verschwindet abends wieder und scheidet so Tag und Nacht. Kein Wunder, dass viele Völker das leuchtende Gestirn als Gottheit verehrten, fürchteten und anbeteten: Ohne die Sonne wäre die Erde nur ein öder, lebloser Eisklumpen.

Die Sonne ist das weitaus größte Mitglied unseres Sonnensystems: Sie enthält 99,9 % seiner gesamten Masse, auf dem Sonnendurchmesser kann man 109 Erdkugeln aufreihen, und ihr Rauminhalt böte Platz für die gesamte Bahn des Mondes um die Erde.

Der Sonnenofen

Die Sonne ist ein langsam rotierender Ball aus glühenden, brodelnden Gasen. An der sichtbaren Oberfläche (der gelben Photosphäre) ist das Gas etwa 5500 Grad Celsius heiß. Den Hauptteil bildet Wasserstoff, etwa ein Viertel ist Helium. Die ständig von der Sonne erzeugte Energie ist enorm: In Kilowatt ausgedrückt ist es eine 23-stellige Zahl.

Ihre Quelle liegt im Kern der Sonne. Hier ist die Materie ungeheuer dicht zusammengepresst und es herrscht ein atomares Inferno: eine Temperatur von 15 Millionen Grad Celsius und ein Druck, der etwa 250 Milliarden Mal größer ist als der Luftdruck an der Erdoberfläche. In diesem Höllenfeuer verschmelzen Wasserstoff-Atomkerne zu Helium-Atomkernen. Bei dieser Kernfusion wird eine gigantische Menge Energie freigesetzt, sie wandert durch die Sonnenmasse zur Oberfläche und wird als Wärme, Licht und zahlreiche andere Energieformen abgestrahlt.

Korona 1 Mio. °C

Photosphäre 5500 °C

Konvektions-zone

Chromosphäre
6000 bis 20.000 °C

Strahlungs-zone

Kern
15 Mio. °C

Die im Kern erzeugte Fusionsenergie wird durch ständige Zusammenstöße mit den Atomen der Sonne gebremst und erreicht erst nach über einer Million Jahren die Sonnenoberfläche. Die Zusammenstöße finden vor allem in der Strahlungszone statt. In der Konvektionszone erzeugt die Hitze gewaltige Blasen aus heißem Gas, die die Energie zur Oberfläche transportieren.

Die unsichtbare Sonne

Über der sichtbaren Sonnenoberfläche (Photosphäre) ist die Sonne umgeben von zwei weiteren Schichten aus heißen Gasen: der so genannten Chromosphäre und der ausgedehnten Korona. Sie werden nur bei totalen Sonnenfinsternissen sichtbar (z.B. Foto rechts), da sie sonst von der hellen Photosphäre überstrahlt werden.

Die Korona der Sonne wird nur bei einer totalen Sonnenfinsternis sichtbar.

Im Vergleich zur Sonne ist die Erde ein winziger Zwerg.

Sonnenfleck im Größenvergleich zur Erde. Das dunkle Zentrum des Flecks ist „nur" etwa 4000 °C heiß, das umgebende hellere Umfeld gut 5000 °C. Die Granulation (Körnung) der hellen Sonnenoberfläche entsteht durch aufsteigende heiße Gasblasen.

Strahlt die Sonne ewig?

Der Brennstoff der Sonne reicht noch für rund fünf
Milliarden Jahre. Aber schon in etwa einer Milliarde
Jahre werden atomare Vorgänge im Innern die
Sonnenleuchtkraft gewaltig erhöhen. Sie lässt auf Erden
die Ozeane verdampfen und alles Leben verlöschen. In
dieser fast unendlich fernen Zukunft wird es Menschen
wie uns freilich längst nicht mehr geben – immerhin
ist diese Zeitspanne fast 10.000-mal länger als die
bisherige Existenz des heutigen Menschen.

Jahrmilliarden später wird sie sich zu einem Roten
Riesenstern entwickeln und die Planeten Merkur und
Venus verschlucken. Schließlich – wenn aller Brennstoff
in ihrem Inneren verbraucht ist – zieht sich die Sonne
nach Abstoßen gewaltiger Materiemengen unter der
eigenen Schwerkraft zusammen, verwandelt sich in
eine hell strahlende Kugel etwa von
der Größe der Erde (einen so
genannten Weißen Zwerg)
und glüht allmählich aus
(siehe auch Seite 32/33).

Beobachtung

Auf keinen Fall darf man ungeschützt mit einem Fernglas oder Fernrohr in die Sonne schauen – die konzentrierte Strahlung würde sofort das Auge zerstören!
Mit einem Fernglas oder Fernrohr kann man das Sonnenbild jedoch auf ein weißes Blatt Papier projizieren oder man setzt vor die Objektive ein spezielles Sonnenfilter, das das Sonnenlicht entsprechend abschwächt.

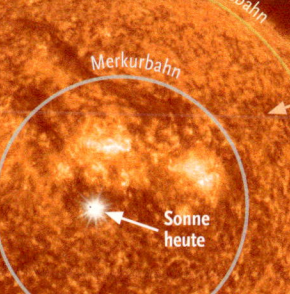

Venusbahn

Merkurbahn

Erdbahn

Marsbahn

Sonne
als Roter Riese

Sonne
heute

Einen solchen Anblick bietet unsere
Sonne in einigen Milliarden Jahren: Zu-
nächst wird sie zu einem Roten Riesen
(Bild links), nach Abstoßen gewaltiger
Materiemengen (Bild oben) entwickelt
sie sich zu einem Weißen Zwerg (heller
Stern in Bildmitte oben).

Sonnenflecken

Bisweilen ziehen Flecken über die Sonnenoberfläche.
So klein sie auf der Sonne wirken – jeder dieser Flecken
ist weit größer als der gesamte Erdball! Zwar strahlen
sie etwas weniger hell als der übrige Bereich der Sonne,
dennoch wäre ein herausgelöster Sonnenfleck am Himmel immer noch weit leuchtender als der Vollmond.
Die Sonnenflecken sind Orte extrem starker Magnetfelder. Die Magnetlinien schießen als schlauchförmige
magnetische Bögen an die Oberfläche, dringen ein Stück
entfernt wieder ein und behindern dabei den Materie-
strom aus dem Innern. Daher sind die Flecken geringfügig kühler als ihre Umgebung. Aber über
den Flecken entlädt sich die gigantische
Energie, die in den Magnetfeldern
gespeichert ist. Sie erzeugt Explosionen,
stärker als 100 Milliarden Wasserstoff-
bomben, und schleudert über 10 Millionen Grad heiße Gaswolken ins All.

**Die von der Sonne ausgestoßenen heißen Gase
(Protuberanzen) folgen den gigantischen Ma-
gnetfeldlinien, von denen unser Zentralgestirn
umgeben ist.**

Sonne in Zahlen

Durchmesser	1.392.520 Kilometer
Durchmesser vgl. zur Erde	109 Erddurchmesser
Masse vgl. zur Erde	333.000-fach
Rotationsdauer am Äquator	25 Tage, 9 Stunden

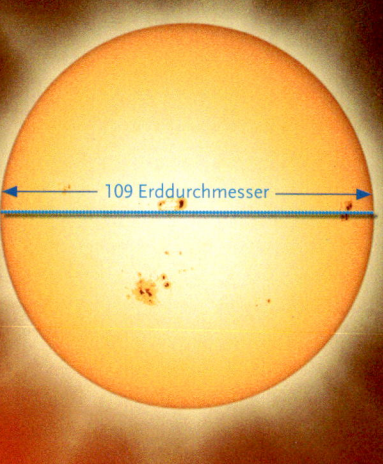

109 Erddurchmesser

Merkur & Venus Die heißen Planeten

Von allen Planeten kreisen diese beiden der Sonne am nächsten. Bei den Römern war Merkur der schnellfüßige Götterbote, und tatsächlich bewegt sich Merkur am raschesten auf seiner Bahn: Er umrundet die Sonne in nur 88 Tagen. Merkur ist auch der kleinste: Verglichen mit der Erde wirkt er wie ein Tennisball neben einem Fußball.

Die Venus ist von der Erde aus gesehen der hellste Planet und kommt ihr auch am nächsten. Manchmal leuchtet sie nach Sonnenuntergang als Abendstern, zu anderen Zeiten taucht sie als Morgenstern in der Frühdämmerung auf.

Die Venus als Abendstern und die Sichel des zunehmenden Mondes in der Dämmerung.

Merkur – der heißkalte Götterbote

Eine Lufthülle besitzt der kleine Merkur nicht. Daher unterliegt seine Oberfläche auch extremen Temperaturschwankungen: Im vollen Sonnenlicht des Merkurtages kann das Gestein 430 Grad Celsius heiß werden – Blei wäre bei dieser Temperatur längst geschmolzen. In der Merkurnacht kühlt es dagegen auf −180 Grad ab.

Merkurs Kraterwelt

Deutlich erkennt man die riesige Böschung „Rupes Discovery". Sie ist 350 km lang und hat eine Höhe von bis zu 3000 m.

Das Caloris-Becken (links, zur Hälfte im Schatten liegend) ist umgeben von mehreren konzentrischen Ringwällen.

Von Anfang an konnten Gesteinsbrocken aus dem All ungebremst auf der Oberfläche des kleinen Planeten einschlagen und sie mit unzähligen Kratern zernarben. Nur an einigen Stellen findet man flache Gebiete, Zeu-

Merkur in Zahlen

Mittlere Entfernung von der Sonne	57,9 Millionen Kilometer
Kleinste Entfernung von der Erde	79,5 Millionen Kilometer
Flugzeug von Erde bräuchte	9,1 Jahre
Licht braucht	4,4 Minuten
Größte Entfernung von Erde	220 Millionen Kilometer
Durchmesser	4878 Kilometer
Durchmesser vgl. zur Erde	38 %
Masse vgl. zur Erde	5,5 %
Umlaufzeit um Sonne	88 Tage
Rotationszeit	58 Tage

gen einstiger Lavaaustritte. Anders als beim Erdmond gibt es aber keine hellen und dunklen Gebiete – das Gestein wirkt überall etwa gleich dunkel. Rätselhaft sind riesige Böschungen, die sich über hunderte von Kilometern hinziehen und mehrere tausend Meter hoch sind – vielleicht Schrumpfungsrisse aus der Frühzeit des Planeten.

Vor einigen Milliarden Jahren muss Merkur eine kosmische Katastrophe erlebt haben: den Einschlag eines kilometergroßen Meteoriten. Er hinterließ einen gewaltigen Krater, das Caloris-Becken. Seine zentrale Ebene ist von mehreren Gebirgsringen umgeben. Der Riesenkrater hat einen Durchmesser von 1300 Kilometern – viel für den kleinen Merkur.

Venus – der Höllenplanet

Die Venus ist fast so groß wie die Erde und galt lange
als ihr Schwesterplanet. Doch ihre Oberflächen
unterscheiden sich drastisch. Denn die dichte Venus-
atmosphäre, die großteils aus dem Treibhausgas
Kohlendioxid besteht, staut die Hitze. So ist es auf
der Venusoberfläche fast 500 Grad Celsius heiß
– das ist die Temperatur einer dunkelrot glühenden
Herdplatte. Und ein Barometer würde den 90-fachen
Luftdruck anzeigen wie auf der Erdoberfläche. Auf
der Erde findet man ähnliche Druckverhältnisse in
einer Wassertiefe von 1000 Metern! Flüssiges Wasser
und Leben gibt es daher dort nicht, und gelandete
Raumsonden haben den höllischen Bedingungen
höchstens einige Minuten widerstanden. Menschen
werden auf der Venus wohl nie landen.

Beobachtung

Die Venus kreist auf einer sonnennäheren
Bahn als die Erde. Daher sieht man sie von
der Erde aus zeitweise als Abend- oder als
Morgenstern am Himmel – je nach ihrer Stel-
lung zur Sonne. Die Venus zeigt Phasen wie der
Mond, die aber erst in einem kleinen Fernrohr sichtbar werden.
Die besten Beobachtungszeiten der nächsten Jahre finden Sie auf
Seite 83.

Per Radar gewonnenes Bild der
Venusoberfläche (unten): rot
– Hochländer, blau – Vertiefun-
gen. Zum Vergleich die Um-
risse der irdischen Kontinente.
Die Berge (Mons) in der linken
Hälfte der Karte sind aus-
nahmslos riesige Vulkane.

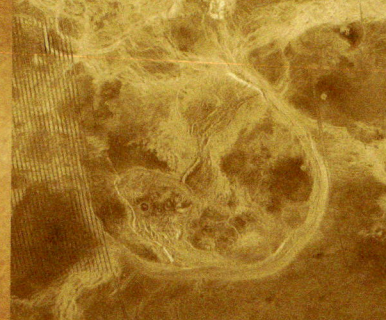

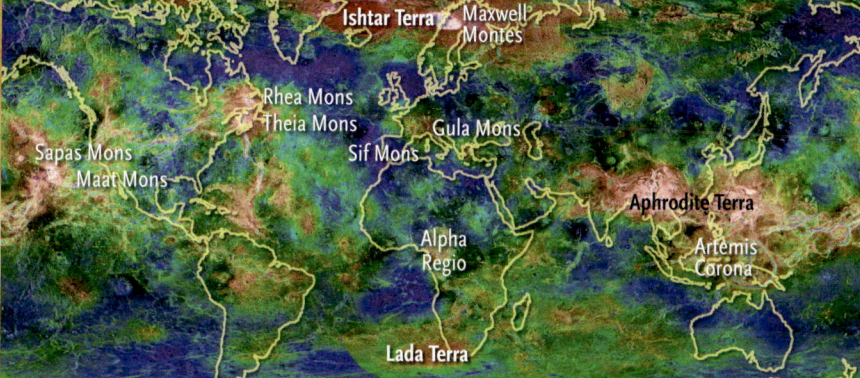

Für die Venus typisch sind rätselhafte Strukturen, die man „Coronae"
(lateinisch: Kronen) genannt hat. Es
könnten riesige Einschlagkrater sein
oder auch Stellen, wo aufgestiege-
nes Magma die Oberfläche geformt
hat. Die größte dieser Strukturen
(Artemis Corona, s. Foto oben) hat
immerhin 2600 Kilometer Durchmesser.

Verhüllte Schönheit

Die Venus verhüllt ihr Antlitz. Denn sie besitzt eine
dichte, von Blitzen durchzuckte Atmosphäre aus
Kohlendioxidgas, giftigen Schwefelgasen und Schwefelsäurewolken. Sie reflektiert zwar viel Sonnenlicht
und erzeugt so den Venusglanz, doch ihre dichte
Wolkenschicht verhindert jeden direkten Blick auf ihre
Oberfläche. Erst spezielle Raumsonden, die mit Radar
die Wolken durchdrangen, enthüllten Einzelheiten. Den
größten Teil der Venusoberfläche bilden sanft gewellte
Ebenen. Aus ihnen recken sich zwei größere Hochländer empor, Aphrodite Terra (etwa so groß wie Südameri-
ka) und Ishtar Terra (etwa so groß wie Australien) sowie
einige Hochebenen. Einschlagkrater
sind auf der Venus relativ selten.
Dagegen gibt es zahlreiche,
zumindest in früheren Zeiten
aktive Vulkane und ausgedehnte Lavaflüsse. Das höchste
Gebirge, die Maxwell
Montes, ragen etwa
10.800 Meter auf.

Venus in Zahlen

Mittlere Entfernung von der Sonne	108 Millionen Kilometer
Kleinste Entfernung von der Erde	39 Millionen Kilometer
Flugzeug von Erde bräuchte	4,4 Jahre
Licht braucht	2,1 Minuten
Größte Entfernung von Erde	261 Millionen Kilometer
Durchmesser	12.104 Kilometer
Durchmesser vgl. zur Erde	95 %
Masse vgl. zur Erde	81,5 %
Umlaufzeit um Sonne	225 Tage
Rotationszeit	243 Tage

Mars

Unser rostroter Nachbar

Babylonier, Ägypter, Griechen und Römer sahen in unserem äußeren Nachbarplaneten wegen seiner blutroten Farbe den Gott des Krieges. In der Neuzeit glaubten viele Menschen, er sei beherrscht von intelligenten Bewohnern, die ihn mit Bewässerungskanälen überzogen. Romane, in denen Marsbewohner die Erde erobern wollten, wurden Bestseller.

Wie es auf Mars wirklich aussieht, haben uns Raumsonden übermittelt: Der rote Planet ist eine kalte, sandige und steinige Wüste, ohne flüssiges Wasser und mit einer nur sehr dünnen Atmosphäre aus Kohlendioxid. Höheres Leben gibt es dort nicht. Alles ist von rosthaltigem und daher rotbraunem Staub bedeckt. Dennoch kann der Mars mit grandiosen Landschaften aufwarten – zum Beispiel dem größten Vulkan und dem größten Canyon im ganzen Sonnensystem.

Riesenvulkane

Aktiven Vulkanismus gibt es auf Mars wohl nicht. Aber er besitzt gewaltige erloschene Vulkane. Der höchste ist der Olympus Mons. Er ragt über 26 Kilometer empor und ist damit der höchste bekannte Berg im Sonnensystem. Mit einem Fußdurchmesser von 600 Kilometer würde er fast ganz Deutschland bedecken. Gegen ihn ist der Mount Everest mit seinen knapp 9 Kilometer Höhe geradezu winzig. Olympus Mons zählt, wie auch der irdische Mauna Kea auf Hawaii, zu den Schildvulkanen. Diese Feuerschlote haben sich aus vergleichsweise dünnflüssiger Lava gebildet, die sich vor dem Erstarren weit ausbreitete.

Der Olympus Mons im Größenvergleich mit Deutschland (rechts) und mit dem Mount Everest und benachbarten Bergen (unten). Er wurde schon 1879 von der Erde aus entdeckt.

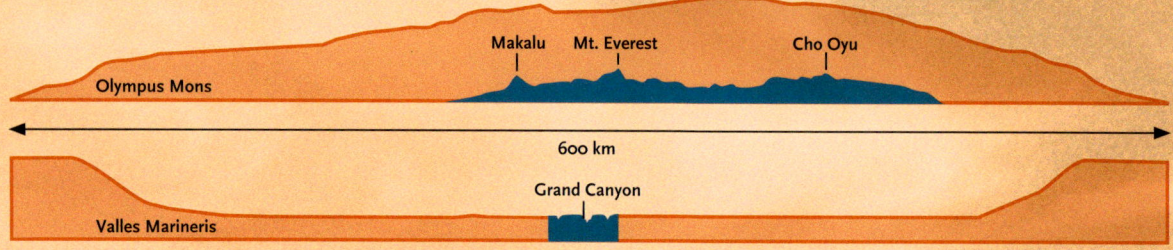

Makalu Mt. Everest Cho Oyu

Olympus Mons

600 km

Grand Canyon

Valles Marineris

Rekord-Canyon

Eine weiterer Glanzpunkt des Mars sind die Valles Marineris, ein gewaltiges Canyon-System mit rund 4000 Kilometern Länge, bis zu 700 Kilometern Breite und 7 Kilometern Tiefe. Der irdische Grand Canyon wirkt dagegen wie ein Kratzer im Sand. Die Valles sind der größte Canyon im ganzen Sonnensystem. Entstanden sind sie vermutlich vor Jahrmillionen durch aufsteigendes Magma, das die Marskruste zur Seite drückte.

Verglichen mit Europa, würde sich der Riesen-Canyon Valles Marineris von der Bretagne bis zum Schwarzen Meer erstrecken. Der irdische Grand Canyon ist dagegen winzig (vgl. Grafik oben).

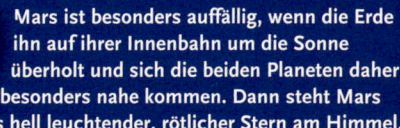

Deimos

Phobos

Kartoffel-Monde

Mars hat zwei Monde. Als Trabanten des „Kriegsgottes" hat man ihnen passende Namen gegeben: Phobos und Deimos („Furcht" und „Schrecken"). Es sind winzige Felsbrocken von nur 27 bzw. 15 Kilometern Länge, deren Form eher an eine Kartoffel als an den Erdmond erinnert und die für einen Marsumlauf nur etliche Stunden brauchen.

Beobachtung

Mars ist besonders auffällig, wenn die Erde ihn auf ihrer Innenbahn um die Sonne überholt und sich die beiden Planeten daher besonders nahe kommen. Dann steht Mars als hell leuchtender, rötlicher Stern am Himmel. Um Einzelheiten auf seiner Oberfläche ausmachen zu können, benötigt man allerdings ein kleines Fernrohr. Damit sieht man die weißlichen Polkappen sowie helle und dunkle Regionen. Auf Seite 83 sind die besten Marssichtbarkeiten der nächsten Jahre verzeichnet.

Mars – ein Wasserplanet?

Heute ist der Mars trocken und öde. Aber er besitzt noch große Wasservorräte: Sie liegen als Eis unter der staubigen Oberfläche. Die Marsfotos zeigen sogar einen 800 Kilometer großen zugefrorenen See mit Eisschollen und einen Krater nahe des Nordpols mit einer mächtigen Scholle aus Wassereis (s. Abb. links). An vielen Stellen erkennt man Stromtäler, Deltas, einstige Inseln sowie Spuren von Erosion und von früheren Gletschern. Sie zeigen, dass dort einmal Wasser floss. Manche Forscher nehmen aufgrund bestimmter Veränderungen der letzten Jahre sogar an, dass es auch jetzt noch bisweilen Rinnsale gibt. In früheren, wärmeren Zeiten mag der Mars weit freundlicher ausgesehen haben. Damals strömten vielleicht unter einer dichteren Atmosphäre sogar Flüsse, wogten Seen und Meere.

Nur einige Dezimeter dick ist diese Scholle aus Wassereis. Sie ruht offenbar auf Erhebungen; darunter erstrecken sich Sanddünen. Der Krater hat etwa 35 Kilometer Durchmesser.

Rostrot und staubig – so zeigt sich der Mars in der Übersichtskarte, in der neben einigen Marsregionen, Bergen (Mons) und dem Canyon Valles Marineris auch die Landestellen der Marssonden eingezeichnet sind. Marskanäle intelligenter Marsbewohner, wie sie 1877 der italienische Astronom Schiaparelli zu sehen glaubte, fehlen allerdings: Sie erwiesen sich als optische Täuschungen.

Mars in Zahlen

Mittlere Entfernung von der Sonne	227,9 Millionen Kilometer
Kleinste Entfernung von der Erde	55 Millionen Kilometer
Flugzeug von Erde bräuchte	6,3 Jahre
Licht braucht	3 Minuten
Größte Entfernung von Erde	400,5 Millionen Kilometer

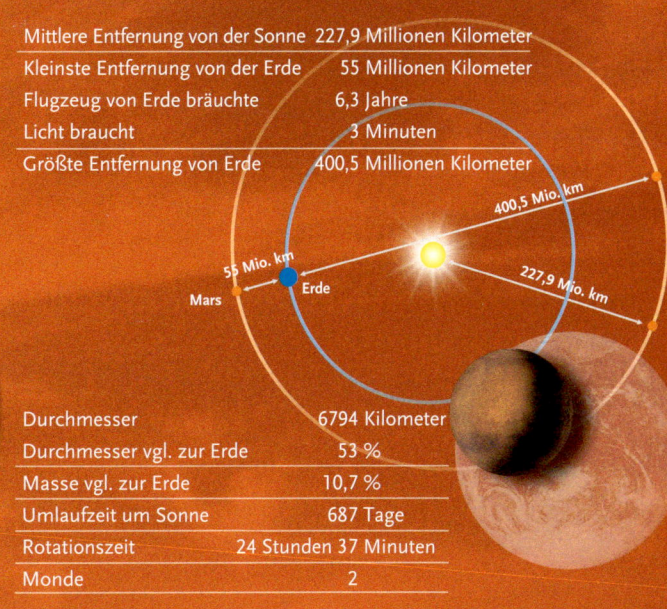

400,5 Mio. km

55 Mio. km

Mars   Erde

227,9 Mio. km

Durchmesser	6794 Kilometer
Durchmesser vgl. zur Erde	53 %
Masse vgl. zur Erde	10,7 %
Umlaufzeit um Sonne	687 Tage
Rotationszeit	24 Stunden 37 Minuten
Monde	2

Viking 2

Chryse
Planitia

Utopia Planitia

Olympus
Mons

Viking 1   Mars Pathfinder

Isidis Planitia

Ascraeus Mons

Opportunity

Syrtis Maior
Planum

Gusev

Pavonis Mons

Terra Meridiani

Spirit

Valles Marineris

...ia
...ns

Hellas
Planitia

...ra
Sirenum

Argyre
Planitia

Jupiter

Der Riese mit dem roten Fleck

Jupiter ist der Gigant unter den Planeten – er ist größer als alle anderen Planeten und besitzt 2,5-mal so viel Masse wie die anderen zusammen. Im Vergleich zur Erde erscheint er wie ein Tennisball neben einer Erbse. Doch trotz seines Umfangs wirbelt er in nur knapp 10 Stunden einmal um seine Achse. Deshalb ist er auch etwas „deformiert" und hat einen leichten Wulst um seinen Äquator, während die Polregion abgeflacht ist. Erheblich mehr Zeit braucht er für einen Sonnenumlauf: fast 12 Jahre. Landen kann man auf Jupiter nicht, denn er hat keine feste Oberfläche: Die Gase seiner Atmosphäre gehen stufenlos in die flüssige Form über. Ein Raumschiff könnte auch kaum wieder starten, denn die gewaltige Schwerkraft des Riesen hielte es fest.

Bunte Atmosphärenbänder

Die riesigen Gasplaneten wie Jupiter sind völlig anders aufgebaut als die weiter innen umlaufenden, erdähnlichen Planeten. Jupiter etwa besteht weitgehend aus den gleichen Stoffen wie die Sonne, nämlich aus den Gasen Wasserstoff und Helium. Sein auffälligstes Merkmal sind die breiten hellen und dunklen Wolkenstreifen seiner Atmosphäre. Sie ist mit −150 Grad Celsius sehr kalt und besteht vor allem aus dem Wasserstoff-Helium-Gasgemisch, Flüssigkeitströpfchen und Kristallen aus Ammoniak, Methan und Wassereis. Die rasche Rotation hat die Bänder parallel zum Äquator auseinandergezogen. Die Farben stammen von Schwefel- und Stickstoffverbindungen, die in der gewitterdurchzuckten, stürmischen Atmosphäre umherwirbeln.

Die weißen und braunen Bänder der Jupiteratmosphäre (oben) und der Große Rote Fleck im Größenvergleich mit der Erde.

Roter Riesenwirbel

Besonders auffällig ist ein großer rötlicher Fleck zwischen den Bändern, er ist wahrhaft riesig – rund doppelt so groß wie die Erde. Erst Raumsonden haben seine Natur enthüllt: Es ist ein gewaltiger Wirbelsturm in der dichten Jupiteratmosphäre. Der Fleck wandelt sich dauernd, verändert Helligkeit und Farbe und treibt zudem langsam über den Planeten. Aber er ist, obwohl von den Orkanen der turbulenten Atmosphäre umgeben, erstaunlich stabil – erstmals wurde er vor über 350 Jahren beobachtet. Daneben gibt es auch immer wieder kleinere, meist weißliche Wolkenwirbel, die sich bisweilen zu größeren vereinigen, aber insgesamt kurzlebiger sind.

Monde

Mehr als 60 Monde umkreisen den Riesenplaneten. Die meisten sind kleine, öde Felsbrocken, vier davon sind jedoch besonders groß und wurden schon 1610 von Galileo Galilei entdeckt: Es sind Ganymed, Kallisto, Io und Europa.

Io

Erdmond

Ganymed

Europa

Die vier großen Jupitermonde im Größenvergleich mit dem Erdmond und dem Großen Roten Fleck.

Kallisto

Io

Der innerste der großen Monde ist am stärksten der Jupiter-Schwerkraft ausgesetzt und wird deswegen ständig von Gezeitenkräften durchgeknetet und aufgeheizt. Wasser oder Eis gibt es dort daher kaum, dafür aber ist er der vulkanisch aktivste Körper im ganzen Sonnensystem. Ablagerungen von farbigem Schwefel und Schwefelverbindungen, gewaltige Lavaströme, weite Einbruchskrater und ausgedehnte Seen aus geschmolzenem Schwefel geben ihm das Aussehen einer Pizza. Die ständigen Eruptionen der zahlreichen Vulkane reichen bis zu 250 Kilometer hoch in seine dünne Atmosphäre aus Schwefelgasen.

Beobachtung

Jupiter ist nach Sonne, Mond und Venus der vierthellste Himmelskörper am irdischen Himmel. Schon mit einem Fernglas kann man die Galileischen Monde in einer klaren Nacht erkennen. Sie bilden eine Linie rechts oder links neben der Planetenscheibe, soweit sie nicht gerade vor oder hinter dem Planeten stehen.

Die besten Beobachtungszeiten für Jupiter in den nächsten Jahren finden Sie auf Seite 83.

Europa

Dieser Mond ist zurzeit der heißeste Kandidat für etwaiges außerirdisches Leben. Zwar ist er an der Oberfläche etwa –160 °C kalt. Aber die Forscher halten es für möglich, dass sich unter seiner von Furchen durchzogenen Kruste aus Wassereis ein rund 100 Kilometer tiefer Ozean aus flüssigem Wasser erstreckt, in dem dank innerer Wärme des Mondes heiße Quellen sprudeln – Orte, wo Leben entstanden sein könnte.

Schon gewusst?

Der Riese Jupiter leistet eine für uns lebenswichtige Aufgabe: Mit seiner gewaltigen Masse fängt er zahlreiche Felsbrocken ein, die sonst auf die inneren Planeten stürzen würden. Man schätzt, dass ohne Jupiter etwa alle 100.000 Jahre ein Riesenmeteorit auf der Erde einschlüge – höheres Leben wäre dann kaum entstanden.

Ganymed und Kallisto

Ganymed ist der größte bekannte Mond im ganzen Sonnensystem, er ist sogar größer als der Planet Merkur. Sein äußere Schicht besteht vermutlich aus einer gut 800 Kilometer dicken Kruste aus Wassereis (s. Abb. rechts, oberes Bild).

Auch Kallistos Oberfläche besteht aus einer rund 200 Kilometer dicken Wassereisschicht, unter der sich vielleicht ein kilometertiefer Ozean aus Salzwasser erstreckt. Kein anderer Himmelskörper im gesamten Sonnensystem weist so viele Einschlagkrater auf engem Raum auf wie dieser Mond. Neben zahlreichen kleinen Kratern gibt es zwei riesige Einschlagbecken; eines davon über 3000 Kilometer groß (s. Abb. rechts, unteres Bild).

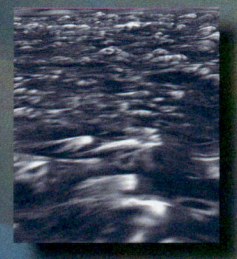
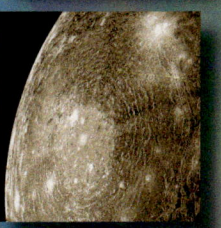

Jupiter in Zahlen

Mittlere Entfernung von der Sonne	778 Millionen Kilometer
Kleinste Entfernung von der Erde	589 Millionen Kilometer
Flugzeug von Erde bräuchte	67 Jahre
Licht braucht	33 Minuten

778 Mio. km

Jupiter 589 Mio. km Erde

Äquator-Durchmesser	142.984 Kilometer
Durchmesser vgl. zur Erde	11,2-fach
Masse vgl. zur Erde	318-fach
Umlaufzeit um Sonne	11,86 Jahre
Rotationszeit	9 Stunden 55 Minuten
Monde	mindestens 63

Saturn, Uranus, Neptun

Eisige Außenposten

Saturn ist der eindrucksvollste Planet – er besticht durch sein außerordentlich schönes Ringsystem. Es besteht aus Millionen von kleinen und größeren Eis- und Gesteinsbrocken und ist dabei „hauchdünn": Bei einem Durchmesser von rund einer Million Kilometern ist es nur ein paar hundert Meter dick – das entspricht etwa der Dicke eines Blatts Papier im Vergleich zur Größe eines Fußballfeldes.

Die äußeren Planeten Uranus und Neptun sind ebenfalls Gasplaneten, allerdings erheblich kleiner. Ihre Atmosphäre enthält unter anderem Methangas, was ihnen ein bläulich grünes Aussehen gibt.

Der Ringplanet
Saturn. Rechts oben
sieht man den Schatten, den die Planetenkugel auf die Ringe wirft.

Saturn – der Herr der Ringe

Saturns Ringsystem besteht aus über 100.000 Einzelringen, die durch Lücken voneinander getrennt sind. Alle Ringe umrunden Saturn genau in dessen Äquatorebene, und zwar innerhalb der so genannten Roche-Grenze – also in einer Zone, in der alle festen, größeren Körper durch die gewaltige Schwerkraft des Riesenplaneten zerrissen werden. Man nimmt daher an, dass sich einst ein oder mehrere Gesteins- und Eisbrocken in diese Gefahrenzone verirrten und in Millionen von Teile zerlegt wurden. Einige der zahlreichen kleineren Saturnmonde kreisen an den Rändern oder in den Lücken des Ringsystems und betätigen sich als „Hirtenmonde": Sie halten durch ihre Schwerkraftwirkung die einzelnen Ringe zusammen.

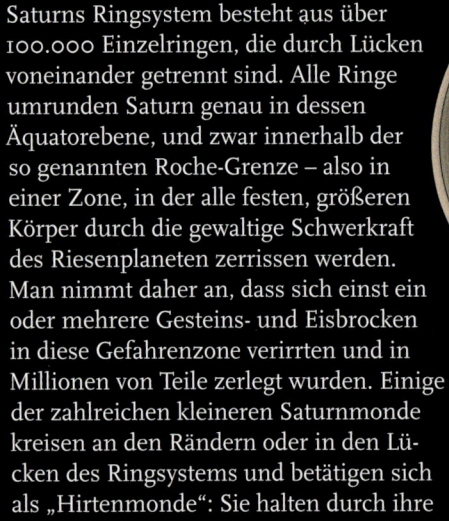

Der kleine Saturnmond Pan (Mitte) erzeugt durch seine Schwerkraftwirkung eine deutliche Lücke im Saturnringsystem und begrenzt so die benachbarten Einzelringe.

Der Riesenmond Titan

Weit außerhalb der Ringe kreist der riesige Mond Titan in gut 15 Tagen um den Saturn. Er ist größer als der Planet Merkur und der einzige Mond im Sonnensystem mit einer wolkenreichen dichten Atmosphäre aus Stickstoff sowie Gebirgen, Wüsten mit Sanddünen und zahlreichen Seen auf der Oberfläche. Die Gesteine sind ähnlich zusammengesetzt wie die irdischen, die Tümpel und Seen allerdings mit flüssigem Methan gefüllt, das bisweilen vom Himmel regnet.

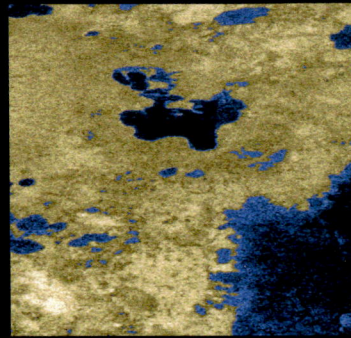

Methanseen auf Titan

Titan ähnelt in mancher Beziehung der Urerde, und die Forscher halten es trotz der Oberflächentemperaturen von etwa −180 °C für möglich, dass dort primitives Leben entstand. Saturn besitzt außer Titan noch mindestens 58 weitere Monde.

Der größte Saturnmond Titan. Unten: Bergrücken auf der Titanoberfläche.

Der Planet Uranus „rollt" entlang seiner Bahn um die Sonne. Daher scheinen ihn seine Monde im Sommer und Winter zu umkreisen, im Frühling und Herbst hingegen bewegen sie sich scheinbar nur auf und ab.

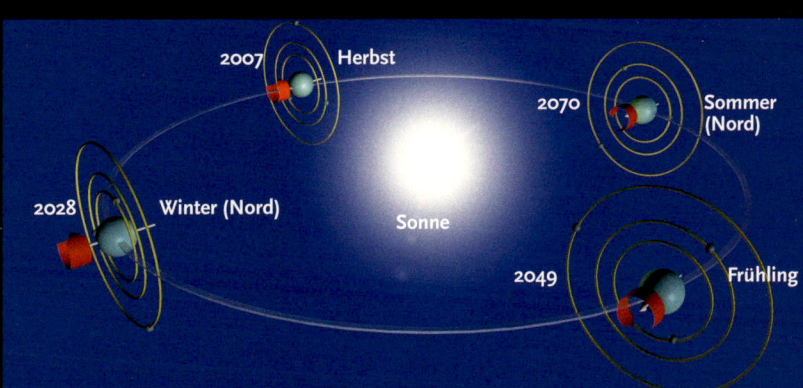

Uranus – der rollende Planet

Uranus stieß wahrscheinlich bald nach seiner Entstehung mit einem anderen großen Körper zusammen, denn der Planet „rollt" auf seiner Umlaufbahn um die Sonne: Seine Äquatorebene ist gegenüber der Bahnebene um über 90 Winkelgrade gekippt. Im Laufe seines rund 85 Jahre währenden Sonnenumlaufs kehrt Uranus daher abwechselnd seinen Nordpol, seinen Südpol oder seinen Äquator der Sonne zu. Ungewöhnlich ist daher auch die Bewegung der mindestens 27 Monde, die in der Äquatorebene kreisen: Kehrt Uranus uns einen Pol zu (Sommer/Winter), bewegen sie sich ähnlich wie Uhrzeiger im Kreis. Schauen wir aber auf den Uranusäquator (Frühling/Herbst), scheinen die Monde nur auf und ab zu wandern.

Neptun – Planet der Winde

Seit seiner Entdeckung hat Neptun nicht einmal vollständig die Sonne umrundet, denn er braucht dafür volle 165 Jahre. Erst 2011 wird es soweit sein. Einen großen Teil unseres Wissens über ihn sowie viele Bilder verdanken wir der Raumsonde *Voyager 2*, die ihn 1989 erforschte. Sie entdeckte unter anderem zirrusähnliche Wolken und einen beweglichen „Großen Dunklen Fleck" in der recht turbulenten Atmosphäre – vermutlich ein Sturmsystem, das allerdings jetzt nicht mehr beobachtet wird. Es hatte etwa die Größe der Erde. In der Äquatorregion maß sie die stärksten Winde, die man je auf einem Planeten fand: Sie blasen mit bis zu 2000 Stundenkilometern entgegen der Neptunrotation!

Uranus in Zahlen

Mittlere Entfernung von der Sonne	2884 Millionen Kilometer
Kleinste Entfernung von der Erde	2600 Millionen Kilometer
Flugzeug von Erde bräuchte	297 Jahre
Licht braucht	2 Stunden, 24 Minuten
Äquatordurchmesser	51.100 Kilometer
Durchmesser vgl. zur Erde	4-fach
Masse vgl. zur Erde	14-fach
Umlaufzeit um Sonne	85 Jahre
Rotationszeit	17 Stunden, 14 Minuten
Monde	mindestens 27

Neptun in Zahlen

Mittlere Entfernung von der Sonne	4509 Millionen Kilometer
Kleinste Entfernung von der Erde	4308 Millionen Kilometer
Flugzeug von Erde bräuchte	492 Jahre
Licht braucht	3 Stunden, 59 Minuten
Äquatordurchmesser	49.424 Kilometer
Durchmesser vgl. zur Erde	3,9-fach
Masse vgl. zur Erde	17-fach
Umlaufzeit um Sonne	165 Jahre
Rotationszeit	16 Stunden, 3 Minuten
Monde	mindestens 13

Saturn in Zahlen

Mittlere Entfernung von der Sonne	1432 Millionen Kilometer
Kleinste Entfernung von der Erde	1195 Millionen Kilometer
Flugzeug von Erde bräuchte	136 Jahre
Licht braucht	66 Minuten
Äquatordurchmesser	120.000 Kilometer
Durchmesser vgl. zur Erde	9,4-fach
Masse vgl. zur Erde	95-fach
Umlaufzeit um Sonne	29,5 Jahre
Rotationszeit	10 Stunden, 37 Minuten
Monde	mindestens 59

Uranus

Neptun

Zwergplaneten & Kleinkörper

Fels- und Eisbrocken

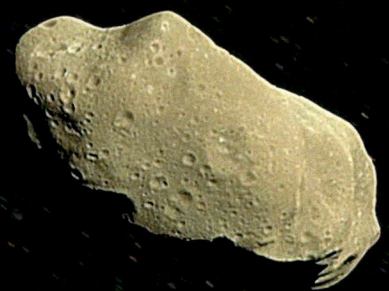

Sonne, Planeten und Monde sind längst nicht alles, was unser Sonnensystem zu bieten hat. Es umfasst auch noch Zwergplaneten und Abermilliarden von Kleinkörpern unterschiedlicher Größe, die die Astronomen als Planetoiden, Kometen oder Meteoriten bezeichnen – je nach Erscheinungsform. Ihr Ursprung geht auf die Geburt unseres Sonnensystems zurück. Wo heute die Planeten kreisen, waberte vor knapp 5 Milliarden Jahren eine gigantische Wolke aus Staub und gefrorenen Gasen. Langsam verdichtete sie sich unter ihrer eigenen Schwerkraft. Im Zentrum entstand dabei die Sonne. Viele Gas- und Staubteilchen aber verbackten zu unregelmäßig geformten kleineren und größeren Körpern, den Urbrocken, die die Astronomen Planetesimale nennen. Manche davon vereinigten sich mit der Zeit zu größeren Himmelskörpern wie Planeten und Monde, die restlichen bilden die vielen im Sonnensystem umherschwirrenden Kleinkörper.

Kometen

Einst galten sie als böses Omen: Tauchte ein Komet am Himmel auf, rechnete man mit Krieg, Pest oder dem Tod eines Herrschers. In Wirklichkeit sind Kometen eher unscheinbare Brocken von einigen Kilometern Durchmesser, die auf recht ungewöhnlichen Bahnen durchs Sonnensystem ziehen. Sie bestehen aus Staub, Gesteinsbrocken, Eis und gefrorenen Gasen und sind meist von einer pechschwarzen Schicht bedeckt. In Sonnennähe verdampft ein kleiner Teil der Gase und bildet gemeinsam mit herausgeschleuderten Staubteilchen den berühmten Kometenschweif. Vom Sonnenlicht zum Leuchten gebracht, kann er viele Millionen Kilometer lang werden und wochenlang als prächtiger Lichtbogen am irdischen Nachthimmel strahlen.

Zwei große Kometenreservoirs

Unser Sonnensystem ist weit ausgedehnter, als die Astronomen noch vor einigen Jahren annahmen. Inzwischen weiß man nämlich, dass sich jenseits der Neptunbahn noch ein gewaltiger Ring aus einigen Millionen Eis- und Gesteinsbrocken befindet, der Kuiper-Gürtel. Bisweilen geraten einzelne Brocken auf Bahnen, die sie durchs innere Sonnensystem führen: Sie erscheinen dann als Kometen.

Noch viel weiter draußen hüllt eine kugelförmige Wolke das Sonnensystem ein. Diese „Oortsche Wolke" besteht aus Trillionen Eis- und Gesteinsbrocken und erstreckt sich mindestens 15.000 Milliarden Kilometer ins All, 2000-mal weiter als der Kuiper-Gürtel. Auch aus ihr verirren sich bisweilen Brocken in die Nähe der Sonne und erscheinen als Kometen.

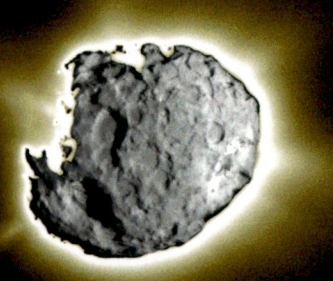

Oben: Nahaufnahme des etwa 5 km großen Kerns des Kometen Wild 2. In Sonnennähe schießen aus der dunklen Oberfläche an vielen Stellen Fontänen aus Gas und Staub heraus, die dann den Kometenschweif bilden.

Jenseits der Neptunbahn befindet sich der Kuiper-Gürtel, aus dem bisweilen Kometen ins innere Sonnensystem dringen. Er ist umgeben von einem weiteren riesigen Kometenreservoir, der Oortschen Wolke.

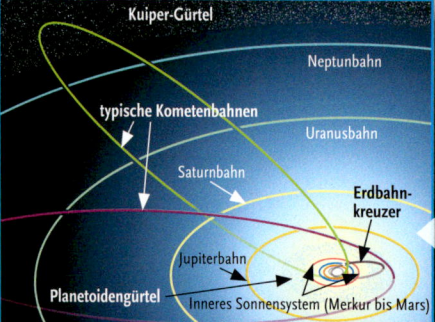

Kuiper-Gürtel
Neptunbahn
typische Kometenbahnen
Uranusbahn
Saturnbahn
Erdbahnkreuzer
Jupiterbahn
Planetoidengürtel
Inneres Sonnensystem (Merkur bis Mars)

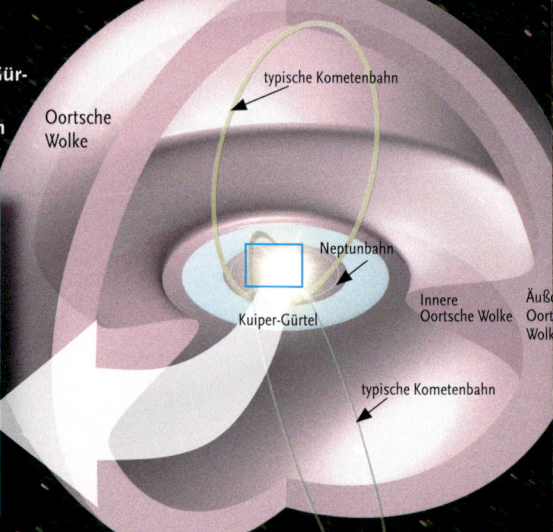

typische Kometenbahn
Oortsche Wolke
Neptunbahn
Kuiper-Gürtel
Innere Oortsche Wolke
Äuße Oort Wolk
typische Kometenbahn

Planetoiden

Auch weiter innen im Sonnensystem gibt es kleinere Brocken: Zwischen den Bahnen von Mars und Jupiter kreisen hunderttausende Körper, die man Planetoiden oder Asteroiden nennt. Sie sind meist nur einige Meter groß, nur wenige haben Durchmesser größer als einige Kilometer. Früher hielt man sie für die Reste eines auseinandergebrochenen Planeten. Doch in Wirklichkeit sind sie übrig gebliebene Urbrocken aus der Frühzeit des Sonnensystems. Die ständigen Bahnstörungen durch die Schwerkraft Jupiters haben verhindert, dass sie sich dauerhaft zu einem größeren Körper zusammenschlossen. Manche geraten bisweilen in gefährliche Nähe der Erde (Erdbahnkreuzer, s. Bildausschnitt linke Seite unten).

Der helle Komet Hale-Bopp aus dem Jahr 1997.

Meteoriten – Gefahr für die Erde?

Jährlich rieseln tausende Tonnen Staub aus dem All auf die Erde oder verglühen als Sternschnuppen in den obersten Luftschichten. Bisweilen aber durchschlägt ein größerer Brocken die Luft und landet als Meteorit auf der Erdoberfläche.

In großen Zeitabständen stürzen Riesenmeteoriten ein und werfen gewaltige Krater auf. Die Folgen sind katastrophal: In weitem Umkreis vernichten Brände und die Druckwelle alles Leben, der aufgewirbelte Staub bleibt monate- oder gar jahrelang in der Atmosphäre und schirmt das Sonnenlicht ab. Mehrfach haben solche Riesenmeteoriten unter den Lebewesen Massenaussterben verursacht, vor 65 Millionen Jahren löschte ein gewaltiger Brocken zum Beispiel die Saurier aus (vgl. S. 11). Bisher kennen wir kein Mittel, solche todbringenden Irrläufer rechtzeitig zu erkennen und abzulenken.

Eisenmeteorit

Pluto – der entthronte Planet

Pluto mit seinen drei Monden Charon, Nix und Hydra.

Lange Zeit galt Pluto als der äußerste Planet des Sonnensystems, zumal er – wie man seit kurzem weiß – drei Monde besitzt. Der größte, Charon, hat immerhin den halben Plutodurchmesser. Allerdings erschien Pluto von Anfang an als seltsam: Er ist weit kleiner als etwa sein Nachbar Neptun, er hat sogar nur ein 500stel der Erdmasse. Zudem läuft er auf einer stark elliptischen und geneigten Umlaufbahn um die Sonne, die ihn zeitweise sogar näher als Neptun an die Sonne führt. Pluto gilt inzwischen als Mitglied des Kuiper-Gürtels. 2006 wurde ihm der Planetenstatus entzogen, seither wird er als Zwergplanet eingestuft.

Zwergplaneten

Im Jahr 2006 definierte die Internationale Astronomische Union (IAU) eine neue Gruppe von Himmelskörpern, die Zwergplaneten. Ein Zwergplanet muss relativ klein und kugelförmig sein und die Sonne auf einer Bahn umkreisen, auf der sich im Unterschied zu einem „ausgewachsenen" Planeten auch noch andere Körper befinden dürfen. In Sonnennähe zeigt nur der größte Körper im Planetoidengürtel, Ceres, eine runde Form mit 975 Kilometern Durchmesser. In den letzten Jahren hat man jedoch mit dem *Hubble*-Weltraumteleskop im Kuiper-Gürtel jenseits der Neptunbahn zahlreiche Himmelskörper entdeckt, die ebenfalls die Bedingungen erfüllen. Der zurzeit größte bekannte Zwergplanet wurde Eris getauft; mit immerhin 2400 Kilometer Durchmesser hat er etwa zwei Drittel der Größe unseres Mondes und ist größer als Pluto.

Eris mit Möndchen Dysnomia

Pluto mit Mond Charon

Ceres   Erdmond

Zwergplaneten im Vergleich zu Erde und Erdmond.   Erde

Die Sterne

Ein unvergessliches Erlebnis ist der Anblick des sternenübersäten Nachthimmels in einer von der Lichterflut der Zivilisation weit entfernten Region. Rund 3000 Sterne kann man dann mit bloßem Auge am Himmel zählen.

Unsere Vorfahren nannten sie Fixsterne (feststehende Sterne), denn sie bewegen sich (anders als die Planeten) stets in gleicher Anordnung über das Firmament, als ob sie an der Innenseite einer sich drehenden dunklen Halbkugel fixiert wären. Den hellsten dieser Himmelslichter gaben sie Eigennamen, etwa Sirius, Wega, Aldebaran, Rigel und Beteigeuze.

Die wahre Natur der Sterne hat erst die moderne Astronomie enthüllt: Es sind Sonnen ähnlich der unseren, also riesige, hell strahlende Bälle aus glühendem Gas. Sie erscheinen nur deshalb als simple Lichtpunkte, weil sie unglaublich weit von uns entfernt stehen – so weit, dass selbst das Licht für diese Distanz Jahre braucht.

Riesen & Zwerge

Größen, Farben & Helligkeiten

Schon das bloße Auge zeigt: Die Sterne sind keineswegs alle gleich. Manche sind heller, andere lichtschwächer. Schaut man genau hin, erkennt man auch unterschiedliche Färbungen.

Aber erst das Teleskop hat den Astronomen gezeigt, wie mannigfaltig und spannend die Welt der Sterne ist. Sie unterscheiden sich stark in ihrer Leuchtkraft, ihrer Größe, ihrer Masse, ihrer Oberflächentemperatur und ihrer Bewegungsgeschwindigkeit und verändern sich zudem im Laufe der Zeit in unterschiedlicher, oft höchst bizarrer und explosiver Weise.

Sonne 5500 °C

Atair 8000 °C
(1,2 x Ø Sonne)

Sirius 10.000 °C
(2 x Ø Sonne)

Wega 9000 °C
(3 x Ø Sonne)

Antares 3000 °C
(700 x Ø Sonne)

Sterngiganten

Unsere Sonne ist ein eher unscheinbarer Stern. Es gibt innerhalb der Milchstraße Giganten, die sie im Durchmesser um das über 1000-fache übertreffen. Das entspricht einem Volumenverhältnis wie zwischen Einfamilienhaus und Apfel! In dem Stern Antares etwa (700-facher Sonnendurchmesser) hätte unser Planetensystem bis weit über die Marsbahn hinaus Platz. Die gewaltige Oberfläche jenes Überriesen sendet mehr als 10.000-mal so viel Licht aus wie unser Zentralgestirn. Dass er uns trotzdem nur als einfacher heller Stern erscheint, liegt an seiner gewaltigen Entfernung: Selbst das schnelle Licht braucht über ein halbes Jahrtausend, bis es die Erde erreicht.

Farbige Sterne

Erhitzt man ein Stück Eisen, so verändert sich die Glühfarbe mit steigender Temperatur von dunkelrot über gelb bis zu bläulichem Weiß. Auch die Farben der Sterne sind ein Abbild ihrer Oberflächentemperaturen. Die roten Sterne sind mit etwa 3000 Grad Celsius vergleichsweise kühl. Unsere Sonne strahlt mit rund 5500 Grad im gelben Bereich. Noch heißere Sterne können Temperaturen bis zu 45.000 Grad aufweisen und leuchten bläulich.

Beteigeuze 3200 °C
(600 x Ø Sonne)

Die Helligkeiten der Sterne

Bei den Sternen ist es wie mit einer Taschenlampe: Je weiter sie weg ist, desto weniger hell erscheint sie. Ein am Himmel besonders hell leuchtender Stern muss daher gar nicht besonders leuchtstark sein – vielleicht steht er uns nur näher als ein anderer, weniger heller Stern. Es gibt aber auch Sterne, die tatsächlich viel heller leuchten als andere. Die Astronomen unterscheiden daher zwischen der scheinbaren Helligkeit (am irdischen Himmel) und der absoluten Helligkeit oder Leuchtkraft eines Sterns.

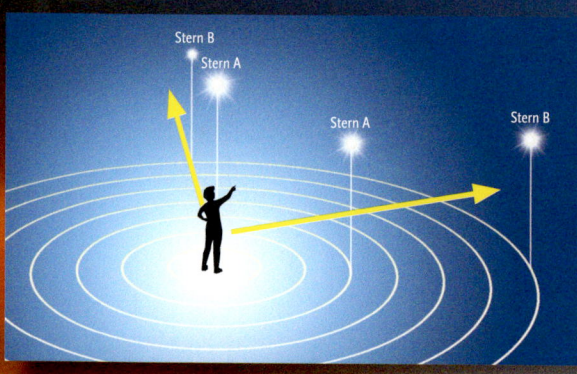

Stern B
Stern A
Stern A
Stern B

Obwohl Stern A und Stern B gleich leuchtkräftig sind, erscheinen sie dem Beobachter unterschiedlich hell, da sie verschieden weit von ihm entfernt sind.

Auf dieser Doppelseite verteilt: Einige helle, farbig leuchtende Sterne mit Angaben zur Oberflächentemperatur und Größe im Vergleich zur Sonne.

Rigel 12.000 °C
(60 x Ø Sonne)

Arktur 4000 °C (30 x Ø Sonne)

Kapella 5200 °C
(10 x Ø Sonne)

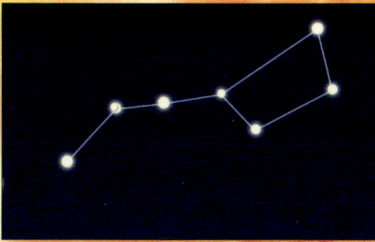

Beobachtung

Das auffällige Wintersternbild Orion eignet sich besonders gut zum Vergleichen unterschiedlicher Sternfarben. Der Stern Beteigeuze links oben leuchtet rötlich, der Stern Rigel rechts unten dagegen schimmert bläulich weiß.

Sternbilder – Figuren am Himmel

Schon vor Jahrtausenden ordneten die Sterngucker vieler Völker die hellsten Sterne am Nachthimmel zu Gruppen, in denen sie Abbilder etwa von Tieren oder Sagengestalten sahen. Sie erfanden auch Sagen, wie diese Figuren mit göttlicher Hilfe an den Himmel gesetzt wurden. Zudem halfen diese Sternbilder, sich in der verwirrenden Lichterfülle des Nachthimmels zurechtzufinden. Unsere heutigen Sternbildnamen am Himmel der Nordhalbkugel gehen vor allem auf die Griechen zurück. Die Sternbilder des in der Antike unbekannten südlichen Sternenhimmels wurden dagegen erst im 17. und 18. Jahrhundert benannt, meist nach wissenschaftlichen Instrumenten wie Mikroskop und Kompass, Begriffen aus der Nautik oder exotischen Tieren.

Sternbilder im Wandel

Früher nannte man die Sterne Fixsterne, weil sie am Firmament wie festgeklebt erscheinen. Doch inzwischen weiß man: Die Sterne sind keineswegs unbeweglich, sie rasen sogar mit hohem Tempo durchs All. Nur ihre gewaltige Entfernung täuscht Stillstand vor. Selbst im Laufe vieler Menschenleben würde man mit bloßem Auge nur bei den allernächsten Sternen eine Ortsveränderung erkennen. Aber im Laufe langer Zeitspannen formen die unterschiedlichen Bewegungen der Sterne jedes Sternbild um.

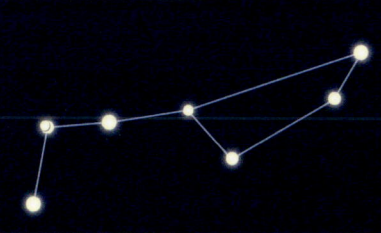

Die Einzelsterne des Großen Wagens bewegen sich in verschiedene Richtungen. Daher wird er in 100.000 Jahren deutlich anders aussehen als heute.

Aldebaran 3500 °C (45 x Ø Sonne)

Der Große Wagen ist die bekannteste Sternanordnung am Himmel. Er ist Teil des sehr viel größeren Sternbildes „Großer Bär" (vgl. S. 68).

Der optische (scheinbare) Doppelstern Mizar/Alkor im Großen Wagen (oben) und der echte Doppelstern Albireo mit seinen verschiedenfarbigen Komponenten im Sternbild Schwan (unten).

Doppelsterne

Manche Sterne stehen sehr dicht beisammen. Bei einigen dieser von den Astronomen als „Doppelsterne" bezeichneten Gebilde ist die Nachbarschaft eine optische Täuschung – nur von der Erde aus gesehen scheinen sie enge Nachbarn zu sein. Es gibt aber sehr häufig auch echte Doppelsterne, die durch ihre Schwerkraft aneinander gebunden sind – ja selbst Dreifach- und Vierfachsysteme.

Großer Wagen

Alkor

Mizar

Alkor

Mizar

Schwan

Albireo

Albireo

Schon gewusst?

Die Entfernungen im All sind wahrhaft astronomisch und damit unvorstellbar groß. Könnte man mit der Geschwindigkeit des Lichtes reisen, wäre man in gut acht Minuten bei unserer Sonne. Schneller ginge es keinesfalls, denn die Lichtgeschwindigkeit – etwa 300.000 Kilometer pro Sekunde – ist die von der Natur festgelegte absolute Höchstgeschwindigkeit im All. Schon zum Nachbarstern aber wäre man über vier Jahre unterwegs. Die Astronomen geben daher Entfernungen im All nicht in Kilometern an, sondern in Lichtjahren. Ein Lichtjahr ist die Strecke, für die das Licht gerade ein Jahr benötigt. Sie entspricht knapp 10.000 Milliarden Kilometern.

Wie Sterne entstehen

Gasnebel & Sternhaufen

Auch heute noch werden immer neue Sonnen und Planeten geboren. Die Geburtsstätte von Sternen sind Wolken aus gefrorenen Gasen und Staubteilchen, die sich an manchen Stellen der Milchstraße finden. Sie sind mit etwa –250 Grad Celsius sehr kalt. Manche dieser Gas- und Staubwolken sind relativ klein und reichen gerade für ein paar Sonnen, andere gehören zu den ausgedehntesten Gebilden der Milchstraße und enthalten genug Material für Millionen von Sternen. Die starke Strahlung neuer Sonnen lässt die umliegenden Wolkenregionen farbig aufleuchten – ein grandioser Anblick.

Sternenwiege im Orion

Mit 1500 Lichtjahren Entfernung vergleichsweise nahe liegt eine der größten Sterngeburtstätten der Milchstraße: der Orion-Nebel (s. auch Abb. rechte Seite). Er ist Teil einer gigantischen Wolke, die weit über das Gebiet des am Himmel sichtbaren Sternbilds Orion hinausreicht. Der größte Teil ist für unsere Augen unsichtbar und nur mit Spezialkameras zu erfassen. In einigen Gebieten aber haben sich bereits neue Sterne gebildet und erleuchten die umliegende Wolke. Das *Hubble*-Weltraumteleskop hat innerhalb dieser Wolke zahlreiche Staubscheiben entdeckt, die in einigen Jahrmillionen zu neuen Sonnensystemen werden.

Das Sternbild Orion im Infrarotlicht. Das markierte Gebiet enthält den sichtbaren Bereich des Orion-Nebels (vgl. Foto oben rechts).

Die Geburt eines Sterns

Unter ihrer eigenen Schwerkraft, vielleicht auch angestoßen durch Sternexplosionen in der Nachbarschaft, ballen sich die Gas- und Staubwolken zusammen **1**. Nach rund einer Million Jahren haben sich an vielen Stellen kugelige Verdichtungen gebildet: Es sind die Keime künftiger Sterne **2**. Sie ziehen sich immer stärker zusammen, rotieren dabei und flachen ab zu einer Scheibe. Dieses Jugendstadium ist stürmisch und begleitet von heftigen Energieausbrüchen **3**. Im Zentrum der Scheibe verdichtet sich die Materie schließlich so stark, dass Kernreaktionen einsetzen, bei denen vor allem Wasserstoff zu Helium verbrannt wird und die fortan die neue Sonne mit Energie versorgen **4**. In der umgebenden kühleren Scheibe entstehen größere und kleinere Planeten sowie andere kleine Körper **5**.

Rote Nebel

In kleineren Fernrohren erscheinen die gewaltigen leuchtenden Gas- und Staubgebiete als verwaschene wolkige Flecken, daher wurden sie Nebel genannt. Erst Riesenteleskope und die Farbfotografie haben uns die Schönheit dieser grandiosen Wolken enthüllt. Die selbstleuchtenden, roten Nebel (Emissionsnebel) bestehen aus Gasen, vor allem dem im All besonders häufigen Wasserstoff. Junge Sterne in nächster Nachbarschaft senden neben dem sichtbaren Licht besonders viel energiereiche ultraviolette Strahlung aus, die das Gas in diesen Sternentstehungsregionen zum Leuchten anregt.

Der Orion-Nebel ist einer der schönsten, rot leuchtenden Nebel. Er besteht aus ausgedehnten Wasserstoffwolken, die durch die Strahlung junger Sterne zum Leuchten angeregt werden.

Der Trifidnebel im Sternbild Schütze enthält rot leuchtende Wasserstoffwolken sowie blau strahlende Staubregionen.

Blaue Nebel

An einigen Stellen reicht die Strahlung der Sterne nicht aus, um das Gas zum Leuchten anzuregen – etwa weil die Sterne nicht heiß genug oder zu weit weg sind. Dort streuen die feinen Staubteilchen das Sternenlicht, vor allem den blauen Anteil – ähnlich wie dies die Moleküle der Lufthülle tun. Daher leuchten diese so genannten Reflexionsnebel bläulich. In vielen Nebeln findet man beide Effekte nebeneinander, was für besonders farbige Bilder sorgt.

Haufenweise Sterne

Sterne bilden sich meist in großer Zahl gleichzeitig und relativ nahe beieinander (im Abstand weniger Lichtjahre). Vielfach bleiben sie dann auch noch längere Zeit beisammen und bilden Sternhaufen. Weil diese Haufen locker verteilt sind und sich durch die unterschiedlichen Bewegungen der Sterne im Laufe einiger hundert Jahrmillionen auflösen, nennt man sie „offene" Sternhaufen. Der berühmteste sind die Plejaden im Sternbild Stier. •

Der Pferdekopfnebel, eine Dunkelwolke im Sternbild Orion, verschluckt das Licht der dahinter liegenden Sterne und leuchtenden Nebel.

Dunkle Wolken

Mindestens 3000 gigantische Gas- und Staubwolken enthält unsere Milchstraße. Sie bestehen vorwiegend aus Wasserstoff und Helium, den häufigsten Stoffen im All. Aber sie enthalten auch einige Prozent anderer chemischer Elemente, etwa Kohlenstoff, Sauerstoff, Eisen und Uran, den Rohstoffen späterer Planeten. Die Wolken sind zwar meist dünner als jedes auf Erden erzeugbares Vakuum, sie verschlucken allerdings mit ihrem Staubanteil das Licht dahinter liegender Sterne. Nur dort, wo sich neue Sonnen gebildet haben, strahlen Teile der Wolke auf – nicht selten teilweise verdeckt von dunklen Wolkenbereichen.

Der offene Sternhaufen der Plejaden.

4

Das Ende der Sterne

Weiße Zwerge & Neutronensterne

In einem Stern halten sich normalerweise zwei Kräfte die Waage: Die Schwerkraft zieht die Materie in Richtung Zentrum. Der Strahlungs- und Gasdruck aus dem Inneren wiederum drückt die Sternmaterie nach außen. Wird dieser Druck zu groß, dehnt sich der Stern aus. Sinkt der Druck aus dem Inneren, etwa weil der Brennstoff verbraucht ist, zieht die Schwerkraft den Stern zusammen. Daher haben auch Sterne eine Lebensgeschichte: Sie entstehen, verbringen ein mehr oder weniger langes Leben und sterben schließlich, wenn ihr Brennstoff zur Neige geht.

Wie lange ein Stern existiert und wie er stirbt, hängt von seiner Masse ab: Massereiche Sterne haben das kürzeste Leben, denn sie gehen mit ihren Brennstoffvorräten verschwenderisch um. Dafür allerdings verabschieden sie sich besonders spektakulär aus dem Dasein – und bereiten damit gleichzeitig den Boden für eine neue Generation von Sonnen und Planeten.

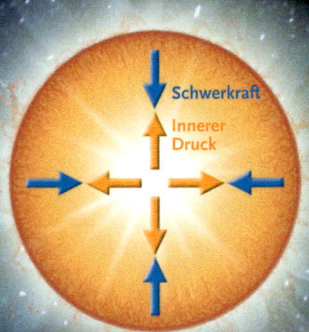

Schwerkraft

Innerer Druck

Stern im Kräftegleichgewicht: Schwerkraft und Innerer Druck halten sich die Waage.

2 Sonnenähnliche Sterne

Sterne wie die Sonne zeigen kurz vor ihrem Tod ein farbenfrohes Schauspiel. Ist ihr Brennstoffvorrat im Zentrum stark zurückgegangen, verbrennen sie Wasserstoff in den äußeren Sternschichten. In ihrem Kern entstehen dann Bedingungen, bei denen auch Helium, das Produkt der Wasserstoff-Kernfusion, zum Brennstoff wird; dabei bilden sich schwerere Atomkerne bis zum Sauerstoff. In dieser Phase blähen sich die Sterne mächtig auf, vervielfachen ihren Durchmesser und werden zu so genannten Roten Riesen. Schließlich blasen sie ihre Außenschichten ab – Astronomen bezeichnen solche Wolken als Planetarische Nebel. Der Reststern zieht sich zu einem Weißen Zwerg zusammen, der im Laufe von vielen Jahrmilliarden zu einem Schwarzen Zwerg auskühlt.

Roter Riese

3 Sterne großer Masse

Sehr massereiche Sterne existieren oft nur einige Millionen Jahre – kurz, verglichen mit den Jahrmilliarden der leichteren Sonnen. Zunächst verbrennen auch sie ihren Wasserstoff, danach die dabei gebildeten schwereren Elemente, wobei sie sich zu so genannten Roten Überriesen aufblähen. Das funktioniert aber nur bis zum Eisen, schwerere Atomkerne liefern bei der Fusion keine Energie mehr. Ist der letzte Brennstoff verbraucht, stürzt der Sternkern schlagartig in sich zusammen. Die dabei frei werdende ungeheure Energie sprengt die Außenhülle in einer gewaltigen Explosion ab. Solch eine „Supernova-Explosion" lässt den Stern für einige Tage heller leuchten als alle Sterne einer Galaxie zusammen. Der Rest des Sterns wird danach je nach seiner verbleibenden Masse zu einem Neutronenstern oder sogar zu einem Schwarzen Loch (s. S. 34).

Roter Überriese

Weiße und Schwarze Zwerge

Nach dem Abblasen der Außenschichten bleibt nur noch der heiße Kern eines Roten Riesen zurück. Er ist mit einigen tausend Kilometern Durchmesser etwa erdgroß. Wegen seiner Hitze von über 10.000 °C leuchtet er strahlend weiß – daher der Name Weißer Zwerg. Die Materie in solch einem Stern ist mächtig zusammengepresst: Ein Teelöffel voll wöge auf der Erde mehrere Tonnen. Über Energiequellen verfügt der Weiße Zwerg nicht mehr, daher kühlt er langsam aus und zieht seine Bahn Jahrmilliarden später als kalter, dunkler Schwarzer Zwerg.

Weißer Zwerg

1 Sterne geringer Masse

Erheblich leichtere Sterne als die Sonne sterben völlig unspektakulär. Nach einem letzten Aufblähen ziehen sie sich zu Weißen Zwergen zusammen und kühlen am Ende ihres viele Dutzend Jahrmilliarden währenden Lebens zu Schwarzen Zwergen aus.

Planetarischer Nebel

Weißer Zwerg

Neutronensterne

Höchst seltsame Objekte entstehen aus den übrig bleibenden Kernen Roter Überriesen beim Supernova-Kollaps. Die Materie des Kerns stürzt unter ihrer eigenen Schwerkraft mit solcher Gewalt zusammen, dass eine Kugel von nur noch etwa 20 Kilometer Durchmesser übrig bleibt – etwa die Größe eines Berges. Die Atome werden dabei zerquetscht, Elektronen und Protonen verschmelzen zu Neutronen, und die Temperatur steigt auf unvorstellbare 100 Milliarden °C. Solch ein Neutronenstern hat eine unglaubliche Materiedichte: Ein stecknadelkopfgroßes Stück wöge auf der Erde etwa eine Million Tonnen! Viele Neutronensterne rotieren extrem schnell und senden dabei stark gebündelte Radiowellen aus, die uns in Pulsen erreichen – ähnlich dem Licht eines Leuchtturms. Solche „blinkenden" Sterne nennt man Pulsare.

Neutronenstern/Pulsar

Supernova-Explosionen

Der Feuersturm einer Supernova ist so gewaltig, dass sich binnen kurzer Zeit schwere chemische Elemente bis hinauf zum Uran bilden und mit der abgesprengten Materiewolke im All verteilen. Sämtliche schweren Elemente, aus denen die Erde und wir bestehen, entstammen Sternen, die vor vielen Jahrmilliarden ihre Materie ins All bliesen. Zudem stoßen die Schockwellen, die nach einer Supernova-Explosion durch die Galaxie eilen, die Bildung neuer Sonnen aus Gas- und Staubwolken an.

Schwarze Löcher

Übersteigt der Kern des Roten Überriesen jedoch die Massengrenze für Neutronensterne, entsteht ein noch seltsameres Gebilde: ein Schwarzes Loch (s. S. 34).

Supernova

Schwarzes Loch

Schwarze Löcher

Kosmische Schwerkraftmonster

Sie gehören zu den bizarrsten Gebilden im All und bergen eine Fülle von Rätseln. Denn Schwarze Löcher verbiegen in ihrer Umgebung Raum und Zeit – mit ganz seltsamen Folgen.

Ein Schwarzes Loch entsteht z.B. beim Zusammenbruch eines massereichen Sterns, wenn dessen Rest die Massengrenze für einen Neutronenstern überschreitet (vgl. S. 33). Nichts kann die Materie mehr aufhalten, wenn sie zu einem Schwarzen Loch zusammenstürzt. Die Schwerkraft dieses Gebildes ist derart stark, dass auch nichts mehr entweichen kann – selbst Licht und sämtliche andere Strahlung bleiben gefangen. Man hat allerdings indirekte Beweise für die Existenz von tausenden dieser seltsamen Gebilde in unserer Milchstraße und vermutet sogar, dass es noch Milliarden weitere gibt.

Ein Schwarzes Loch saugt keine Materie von weit her an, sondern verschlingt nur, was ihm zu nahe kommt. Ein Teil der Materie entkommt dem Loch sogar und wird in Form zweier senkrechter Jets ins All geschossen (im Bild weißblau).

Ein fiktives Schwarzes Loch vor dem Hintergrund der Milchstraße. Das Loch verbiegt Raum und Zeit in seiner Umgebung, die Milchstraße erscheint verzerrt und doppelt.

Staubsauger im All?

Aus dem Kollaps massereicher Sterne hervorgegangene Schwarze Löcher haben bis zu etwa 15-facher Sonnenmasse und rotieren teils mit rund 1000 Umdrehungen pro Sekunde. Aber auch in den Zentren vieler Galaxien stecken vermutlich Schwarze Löcher, und zwar besonders wuchtige Exemplare: Diese Schwerkraftmonster enthalten so viel Masse wie Millionen oder gar Milliarden von Sternen.

Bisweilen liest man davon, dass Schwarze Löcher von weit her Materie ansaugen. Das stimmt allerdings nicht. Für jeden Körper gibt es einen bestimmten Radius, auf den man ihn komprimieren müsste, damit er zu einem Schwarzen Loch würde – für unsere Sonne beträgt der Radius z.B. 3 Kilometer. Verwandelte sich die Sonne nun plötzlich in ein Schwarzes Loch, so würden die Planeten in weiter Ferne keine veränderte Schwerkraft spüren. Nur kann Materie aus der Umgebung nun viel dichter als zuvor an das Schwerkraftzentrum herankommen und dadurch in den Bereich gigantischer Anziehungskraft gelangen.

Röntgenstrahlung – der letzte Schrei

Da auch das Licht ein Schwarzes Loch nicht mehr verlassen kann, ist ein solches Objekt unsichtbar – daher der Name. Aber es macht sich durch seine Schwerkraft bemerkbar. Umgebende Materie wird durch ein rotierendes Schwarzes Loch auf Kreisbahnen gezwungen und bildet eine Scheibe. Während sie dem Schwarzen Loch immer näher kommt, beschleunigt der Schwerkraftstrudel zusammen mit gewaltigen Magnetkräften die Materie auf extreme Geschwindigkeiten. Sie heizt sich massiv auf und sendet am Ende energiereiche Röntgenstrahlung aus – sozusagen als Todesschrei kurz vor dem Sturz ins Schwarze Loch, aus dem sie nie wiederkehren kann.

Der Ereignishorizont

So nennt man die nicht sichtbare, aber sehr reale Grenze eines Schwarzen Lochs: Was diese Grenze überschreitet, verschwindet aus unserem Universum – auf Nimmerwiedersehen. Ein Astronaut in einem Raumschiff könnte jedoch in ein Schwarzes Loch hineinsteuern und die Grenze passieren, ohne sie zunächst zu bemerken. Zurück könnte er allerdings nicht mehr: Ohne jeden Widerstand würde er dann in Richtung Mittelpunkt des Schwarzen Loches fallen. Ganz anders aber würde sich die Szene einem Beobachter von außen darstellen: Für ihn würde der Astronaut immer langsamer und bliebe schließlich am Ereignishorizont unendlich lange stehen – daher rührt die seltsame Bezeichnung dieser Grenze. Dies muss aber freilich nur ein Gedankenexperiment bleiben: In Wirklichkeit würde die ungeheure Schwerkraft des Schwarzen Loches jeden in die Nähe kommenden Gegenstand zerreißen, sogar Atome.

Ein Schwarzes Loch entreißt einem Stern Materie, wenn dieser ihm zu nahe kommt. Die Materie sammelt sich in einer wirbelnden Scheibe, bevor sie unter Aussendung von Röntgenstrahlung in das Schwarze Loch stürzt und für immer verschwindet.

Das Zentrum unserer Milchstraße

Seit einigen Jahren weiß man, dass im Kern fast jeder helleren Galaxie ein verhältnismäßig kleines, aber superschweres Gebilde steckt. Mit hoher Wahrscheinlichkeit ist es ein supermassives Schwarzes Loch. Auch unsere eigene Milchstraße birgt im Zentrum solch ein Gebilde von rund 4 Millionen Sonnenmassen. Man kann es erkennen an der Radio- und Röntgenstrahlung aus seiner Umgebung sowie an den Umlaufbahnen der Sterne in seiner direkten Nachbarschaft, aus denen sich die Masse des Objekts errechnen lässt. Im Vergleich zu den massereichsten Schwarzen Löchern in den Zentren von Galaxien ist dasjenige im Herzen der Milchstraße jedoch ein Leichtgewicht: Manche Schwarzen Löcher haben bis zu milliardenfacher Sonnenmasse.

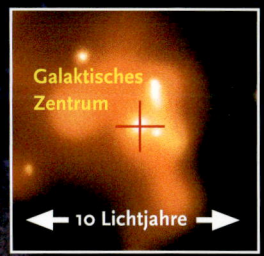

Galaktisches Zentrum

← 10 Lichtjahre →

Im Zentrum unserer Milchstraße lauert in einem Gebiet von rund einem tausendstel Lichtjahr ein superschweres Schwarzes Loch (etwa beim roten Kreuz). Das Foto des Röntgensatelliten Chandra oben zeigt in seiner Umgebung eine deutlich erhöhte Röntgenstrahlung.

100.000 Lichtjahre

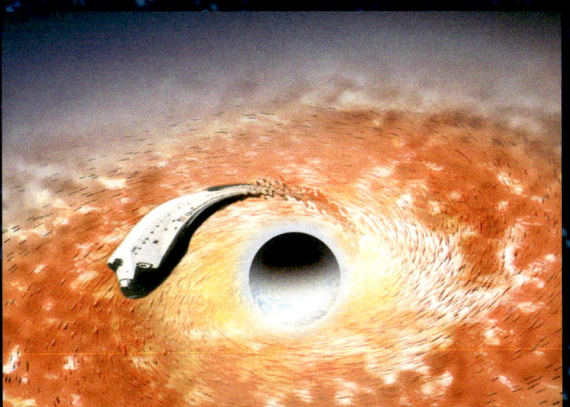

Sämtliche Materie und demzufolge auch ein Raumschiff würde beim Sturz in ein Schwarzes Loch vollständig zerrissen werden.

Schon gewusst?

Besonders gut können die Astronomen Schwarze Löcher erkennen, die Partner in einem Doppelsternsystem sind. Dann „füttert" ihr Partner sie nämlich ständig mit Materie, was man an der von ihr ausgesendeten Strahlung erkennt (siehe Abb. oben auf der Seite). Ein einsames Schwarzes Loch im leeren Raum wäre dagegen etwa für ein Raumschiff unbeobachtbar.

Planeten um fremde Sterne

Die Suche nach Leben im All

Der Satellit *Corot* sucht nach fremden Planeten im All.

Lange Zeit wurde unter Astronomen diskutiert, ob auch andere Sonnen Planeten haben oder ob unser Sonnensystem einzigartig im All ist. Weil Planeten so klein sind und zudem von ihrem Stern nahezu völlig überstrahlt werden, konnte man sie lange Zeit nicht aufspüren. Erst in der ersten Hälfte der 1990er-Jahre wurde diese Frage entschieden. Und dank neuer, ausgeklügelter Methoden entdeckte man in den letzten Jahren in rascher Folge zahlreiche „Exoplaneten", also Planeten um fremde Sterne.

Inzwischen sind weit über 200 von ihnen bekannt. Allerdings sind sie großteils heiße, lebensfeindliche Riesenplaneten, weit größer und näher an ihrem Stern als etwa Jupiter. Bisher ist erst ein einziger ansatzweise erdähnlicher Himmelskörper aufgespürt worden – die Suche nach außerirdischen Lebewesen ist jedoch nach wie vor nicht von Erfolg gekrönt.

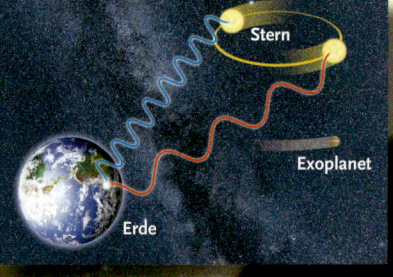

Stern

Exoplanet

Erde

Fernes Gewackel verrät sie

Exoplaneten lassen sich nicht direkt fotografieren – zum Aufspüren ferner Planeten nutzt man daher indirekte Methoden: zum Beispiel die geringfügigen Schwankungen eines Sterns durch die Schwerkraftwirkung eines umlaufenden Planeten oder die Helligkeitsänderung eines Sterns, wenn ein Planet vor ihm entlangzieht. Die letztere Methode verwendet auch der Ende 2006 gestartetet Satellit *Corot*, der in den nächsten Jahren gezielt über 60.000 Sterne nach Planeten absuchen wird.

Helligkeit

Zeit

Obere Abb: Als Reaktion auf die Bewegung eines Planeten bewegt sich ein Stern geringfügig vor und zurück. Kommt er der Erde näher, verschiebt sich sein Licht zum blauen Bereich, entfernt er sich, wird das Licht roter. Abb. unten: Wenn ein Exoplanet vor seinem Stern vorbeizieht, dunkelt er dessen Licht etwas ab.

Die schwierige Suche nach Lebenszeichen

Angesichts der gewaltigen Entfernungen im All ist es sehr schwierig, Leben auf einem Planeten außerhalb des Sonnensystems nachzuweisen. Selbst die Entdeckung eines erdähnlichen Planeten um einen sonnenähnlichen Stern würde noch nicht bedeuten, dass es dort Leben gibt. Man würde in so einem Fall aber versuchen, indirekt Lebensspuren zu finden, etwa durch Untersuchung des Planetenlichts. Enthielte es Hinweise auf freien Sauerstoff, könnte dies zumindest auf niederes Leben hindeuten. Freilich finden derartige Untersuchungen bestenfalls erdähnliches Leben, also Leben auf der Basis des chemischen Elements Kohlenstoff, das angewiesen ist auf flüssiges Wasser. Eventuell gibt es aber auch ganz anders geartete Lebewesen – nur haben wir keine Vorstellung davon, wie sie aussehen könnten.

Gliese 581 c – ein zu heißer Kandidat für Leben?

Im April 2007 entdeckten die Astronomen einen Exoplaneten um einen Stern mit dem Namen Gliese 581. Der Stern ist kleiner und schwächer als unsere Sonne und wird von mindestens drei Planeten umkreist. Zunächst schien es, als könne Gliese 581 c – so die Bezeichnung des bisher erdähnlichsten Exoplaneten – eine Oberflächentemperatur besitzen, die die Existenz von flüssigem Wasser erlaubt. Neueste Forschungsergebnisse deuten jedoch darauf hin, dass es auf dem Planeten wohl doch zu heiß dafür ist. Trotzdem ist Gliese 581 c, ein Planet von schätzungsweise 1,5-facher Erdgröße und fünffachem Erdgewicht, ein hochinteressantes Forschungsobjekt bei der Suche nach außerirdischem Leben.

Illustration des Roten Zwergsterns Gliese 581 mit seinen drei Planeten im Vergleich zur Erde (vorne rechts). Vorne links: So könnte der bisher erdähnlichste Exoplanet Gliese 581 c aussehen.

Grüße von ET – eher unwahrscheinlich

Sehr viel weniger wahrscheinlich als außerirdische Bakterien sind intelligente, technisch begabte Lebewesen. Dafür wären sie eventuell viel leichter finden – zumindest, wenn sie ähnlich wie wir nach Kontakt suchen und sich mit Radiosignalen oder Lichtpulsen bemerkbar machen.

Ein Erfolg würde allerdings zahlreiche Voraussetzungen erfordern: Erstens natürlich die Existenz von Lebewesen dieser Art. Zudem müssten sie eine ähnliche Technik verwenden – wenn sie sich etwa mit uns heute noch unbekannten Kommunikationsmitteln verständigen, hätten wir keine Chance. Vor allem aber: Sie müssten gerade jetzt leben und senden, oder ihre Signale müssten zumindest jetzt ankommen. Immerhin hat auch die Erde 4600 Millionen Jahre lang geschwiegen – eine gewaltige Zeitspanne gegen die paar Jahre, seit wir funken gelernt haben.

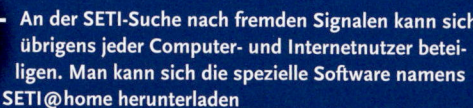

Beobachtung

An der SETI-Suche nach fremden Signalen kann sich übrigens jeder Computer- und Internetnutzer beteiligen. Man kann sich die spezielle Software namens SETI@home herunterladen (http://setiathome.berkeley.edu/). Sie arbeitet in Rechenpausen im Hintergrund auf dem Computer, wertet jeweils einen kleinen Teil der per Web übertragenen Radioteleskopdaten aus und schickt die Ergebnisse dann wieder an die SETI-Zentrale nach Kalifornien.

SETI – Suchprogramm nach intelligentem Leben

Dieses Projekt mit seiner Zentrale in Kalifornien sucht seit fast 50 Jahren nach Signalen außerirdischer Lebewesen (die Abkürzung bedeutet **S**earch for **E**xtraterrestrial **I**ntelligence). Seit Jahren werden dafür Radioteleskope benutzt sowie spezielle Empfangsgeräte und Computer, die rasch eine riesige Zahl von Empfangskanälen überprüfen können. Neuerdings sucht man auch nach optischen Signalen, die eventuell von leistungsstarken Lasern auf Planeten ausgestrahlt werden und sich aus dem hellen Licht des fremden Muttersterns herausfiltern lassen. Bislang lauschen und schauen die Forscher aber vergebens auf verdächtige Signale – die Aufgabe ist auch alles andere als leicht angesichts der Unzahl abzusuchender Sterne in der Milchstraße und der zahlreichen möglichen Funkfrequenzen.

Die Erde sendet übrigens auch nach außen: Neben den sowieso ins All dringenden Funk- und Fernsehsignalen wurde erstmals 1974 eine Botschaft mit dem größten Radioteleskop der Welt, dem Arecibo-Radioteleskop, direkt ins All gesendet.

Das größte Radioteleskop der Welt in Puerto Rico wird auch für die Suche nach außerirdischem Leben eingesetzt.

Das Universum

Die Erde ist nur ein winziges Stäubchen im Vergleich zur gigantischen Größe unseres gesamten Universums. Das belegen unvorstellbare Zahlen: Unsere Sonne ist nur einer von rund 100 Milliarden Sternen in unserer Milchstraße. Und mindestens 100 Milliarden Galaxien bevölkern das Universum, vielleicht viel mehr. Sie sind nicht gleichmäßig verteilt, sondern konzentrieren sich entlang von fadenartigen Filamenten, die ein dreidimensionales Netz mit riesigen leeren Hohlräumen bilden.

Aber das ist noch nicht alles: Erst vor einigen Jahren haben Astronomen herausgefunden, dass die normale, aus Atomen aufgebaute Materie im All, also etwa Sonnen und Gaswolken, nur rund 4 Prozent der gesamten Ausstattung des Universums ausmacht. Der Rest gibt uns bislang Rätsel auf.

Eines aber hat sich in den letzten Jahren herausgestellt: Das Universum ist nicht unendlich alt, sondern es entstand in einem „Urknall" vor rund 13,7 Milliarden Jahren. Seither dehnt es sich ständig weiter aus.

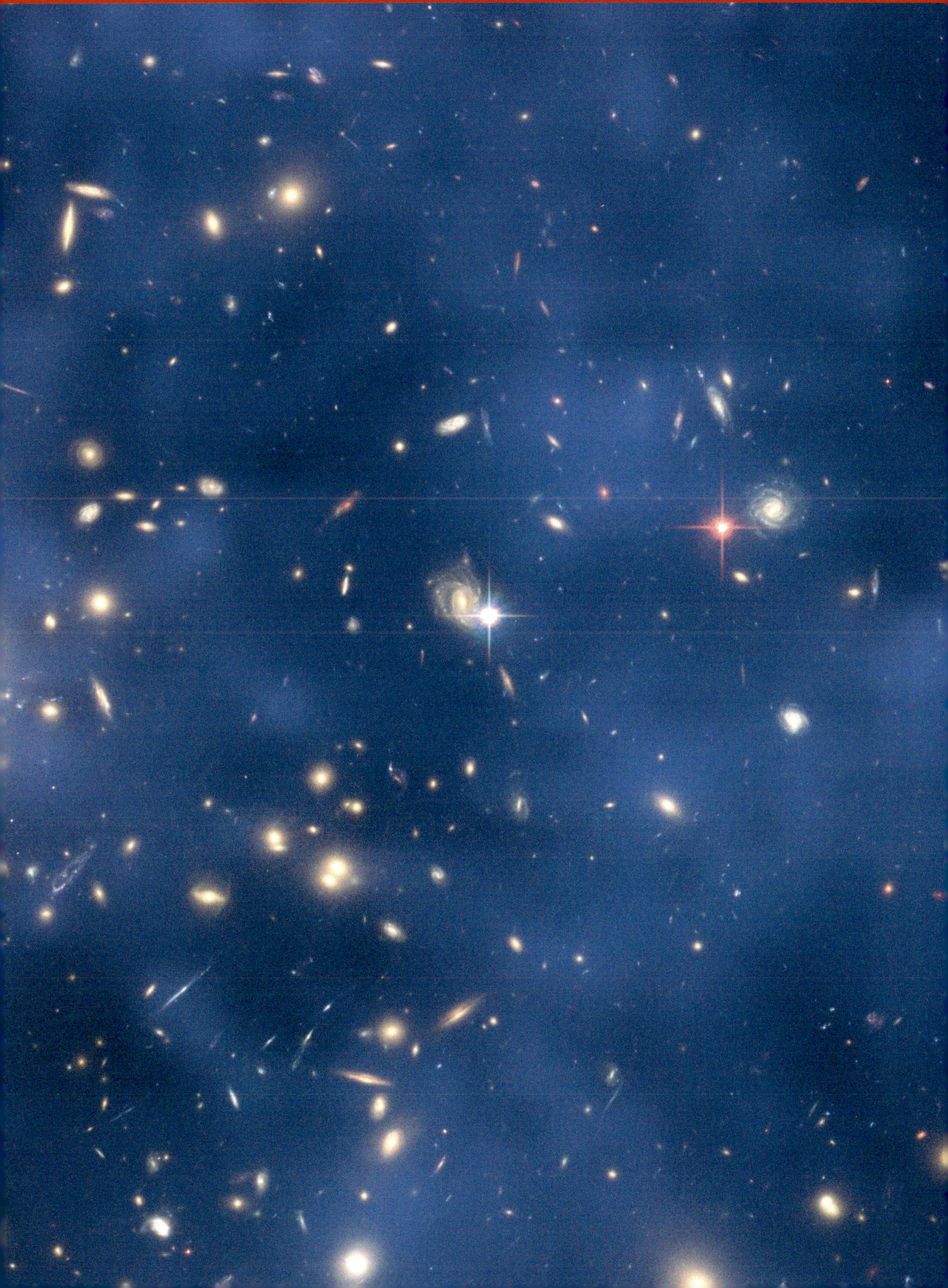

Die Milchstraße

Unsere Heimatgalaxie

Das schwach leuchtende, milchige Band, das am Himmel vor allem in dunklen Sommernächten auffällt, war jahrtausendelang ein Rätsel. Erst 1609 entdeckte der Astronom Galileo Galilei mit einem kleinen Fernrohr, dass die Milchstraße, wie man dieses Band auch nennt, aus unzähligen vergleichsweise lichtschwachen Einzelsternen besteht.

Was für eine faszinierende Struktur das gesamte Milchstraßensystem hat, zu dem alle Sterne, die wir mit bloßem Auge sehen können, sowie auch unsere Sonne gehören, haben aber erst moderne Fernrohre und genaue Messungen enthüllt: Es ist eine gewaltige Scheibe mit Spiralstruktur, bestehend aus rund 100 Milliarden Sternen sowie großen Gas- und Staubmassen. Die Sonne ist nur einer der vielen Sterne, sie befindet sich in einem ruhigen Randbereich der Scheibe, etwa 26.000 Lichtjahre vom turbulenten Kern entfernt.

Eine Balkenspirale

Von oben gesehen bietet unsere Milchstraße ein seltsames Bild. Im Zentralbereich erkennt man eine balkenähnliche Struktur, die sich quer durch den hell leuchtenden Kern erstreckt. Um die Zentralregion herum winden sich mehrere helle Spiralarme. Die ganze Scheibe hat einen Durchmesser von etwa 100.000 Lichtjahren. Von der Seite würde man erkennen, dass die Scheibe mit nur rund 3000 Lichtjahren Dicke dagegen sehr dünn ist. Nur der Kern bildet eine Kugel, die „Bulge" genannt wird (englisch: Aufwölbung, Beule) und etwa 16.000 Lichtjahre durchmisst.

Solche „Balkenspiralgalaxien" sind im All nicht selten. Fotos anderer derartiger Galaxien liefern uns daher ein gutes Bild von unserer eigenen Heimat (vgl. auch S. 42).

So ungefähr sähe ein weit entferntes Raumschiff unser Milchstraßensystem: Die meisten Sterne sind in der nur 3000 Lichtjahre dicken Scheibe konzentriert, während der Zentralbereich einen Durchmesser von etwa 16.000 Lichtjahren hat. Die Sonne liegt im Lokalen Spiralarm, 26.000 Lichtjahre vom Zentrum entfernt. In der Milchstraßenebene befindet sich sehr viel Staub, der das Sternenlicht abdunkelt. Im so genannten „Halo" findet man zahlreiche weitere Sterne in Kugelsternhaufen, außerdem vermutet man dort Dunkle Materie (s. S. 41).

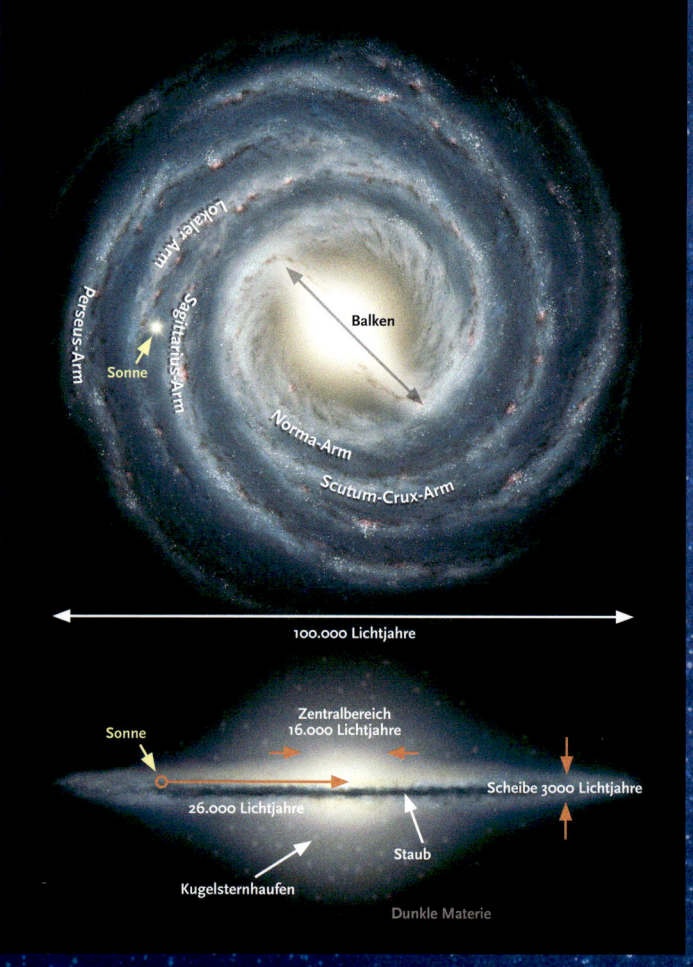

Lokaler Arm

Perseus-Arm

Sagittarius-Arm

Sonne

Balken

Norma-Arm

Scutum-Crux-Arm

100.000 Lichtjahre

Zentralbereich 16.000 Lichtjahre

Sonne

26.000 Lichtjahre

Scheibe 3000 Lichtjahre

Staub

Kugelsternhaufen

Dunkle Materie

Junge helle Sterne und leuchtende Gaswolken markieren die Spiralarme der Milchstraße.

Die Spiralarme

Man könnte meinen, die Sterne der Milchstraße seien vor allem in den Spiralarmen zu finden. Das täuscht allerdings: Die Sterne sind ziemlich gleichmäßig über die gesamte Scheibe der Milchstraße verteilt. Wohl aber findet man in den Spiralarmen besonders viele junge, leuchtkräftige Sterne und dazu ausgedehnte Gaswolken als Geburtsstätten neuer Sterne.

Lange haben die Astronomen gerätselt, woher die Spiralstruktur rührt, und vollständig geklärt ist diese Frage noch immer nicht. Man nimmt an, dass sie von „Dichtewellen" ausgelöst wird, die durch die Milchstraße laufen. Ähnlich wie Schallwellen, die bei ihrer Ausbreitung die Luftmoleküle an bestimmten Stellen verdichten, konzentrieren diese Dichtewellen das Gas und den Staub zwischen den Sternen. Damit lösen sie die Bildung neuer Sterne aus, deren Positionen die leuchtenden Spiralarme anzeigen.

Das Zentrum

Das Zentrum unserer Milchstraße liegt von uns aus gesehen in Richtung des Sternbilds Schütze (Sagittarius). Im sichtbaren Licht kann man es nicht erkennen, weil dichte Staubwolken den Blick trüben. Infrarotes Licht, Radio- und Röntgenwellen freilich liefern Informationen aus jenem Gebiet – und die sind höchst erstaunlich. Es gibt dort eine Quelle extrem starker Radiostrahlung, die allerdings sehr klein ist – nicht größer als der Radius der Erdumlaufbahn um die Sonne. Aus der Bewegung der Sterne um dieses Gebiet könnte man errechnen, dass sich in diesem kleinen Raum eine unglaubliche Menge Materie konzentriert. Die einzige Erklärung ist, dass im Kern unserer Galaxie ein mächtiges Schwarzes Loch sitzt. Es birgt rund 4 Millionen Mal soviel Masse wie unsere Sonne. Ab und zu verschluckt es weitere Materie, die dabei Strahlung verschiedener Wellenlängen aussendet (vgl. S. 34/35).

Kugelsternhaufen

Längst nicht alle Sterne stehen in der Milchstraßenebene. Zu unserer Milchstraße gehören auch mindestens 150 Sternhaufen, die sich um die Sternenscheibe herum verteilen. Sie befinden sich im so genannten Halo des Systems, einem riesigen kugelförmigen Bereich um die Milchstraße herum. Jeder dieser so genannten Kugelsternhaufen enthält einige hunderttausend Sterne, die dicht beieinander stehen, daher haben sie ihr rundliches Aussehen. Alle diese Haufen bewegen sich auf langgestreckten Bahnen um die Milchstraße herum. Vermutlich haben sie sich schon vor extrem langer Zeit gebildet, noch bevor sich die Milchstraße zu einer Scheibe formte, denn sie bestehen aus durchwegs sehr alten Sternen aus der Frühzeit des Weltalls.

Der Kugelsternhaufen M 22 im Sternbild Schütze.

Das Zentrum der Milchstraße in verschiedenen Wellenlängenbereichen

Zentrum der Milchstraße im Infrarotlicht

600 Lichtjahre

Zentrum der Milchstraße im Röntgenlicht

600 Lichtjahre

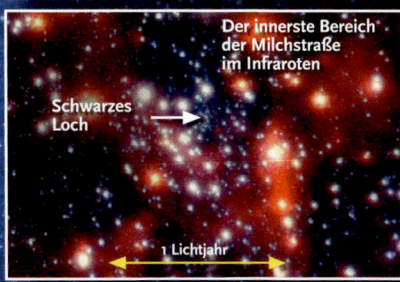

Der innerste Bereich der Milchstraße im Infraroten

Schwarzes Loch

1 Lichtjahr

Dunkle Materie

Die Sonne benötigt für einen Umlauf um das Milchstraßenzentrum etwa 220 Millionen Jahre. Das bedeutet immerhin, dass wir mit einem Tempo von rund 220 Kilometern pro Sekunde durchs All rasen. Eigentlich müssten sie und andere Sterne längst aus der Scheibe herausgeflogen sein, denn man kann ausrechnen, dass die Schwerkraft der sichtbaren Materie der Milchstraße (also etwa der Sonnen und Gaswolken) nicht ausreicht, um sie festhalten. Dennoch ist die Milchstraße seit Jahrmilliarden stabil. Man nimmt daher an, dass sie und auch andere Galaxien erfüllt sind von einer weiteren Art von Materie, die vor allem in ihrem Halo sitzt. Diese noch rätselhafte Materieform macht sich nur durch ihre Schwerkraft bemerkbar, sendet aber keine messbare Strahlung aus und wird daher „Dunkle Materie" genannt. Ihre Masse ist rund zehnmal größer als die der sichtbaren Materie, sie sorgt für den Zusammenhalt der Galaxien (s. auch S. 45).

Galaxien

Gigantische Sterneninseln im All

Zwerggalaxie

Unsere Milchstraße ist nur eine von unzähligen Galaxien, die in einer unglaublichen Formenfülle das All bevölkern. Manche enthalten nur einige Millionen Sterne, andere hingegen mehrere Billionen. In einigen Galaxien findet man nur alte Sterne aus der Frühzeit des Alls. Andere Galaxien aber bergen Wiegen neuer, strahlender Sterne – zu ihnen gehört auch die Milchstraße. Es gibt Spiralgalaxien gleich der unseren, andere bilden Kugeln oder eiförmige Gebilde oder zeigen keine besondere Struktur.

Elliptische Galaxie

Linsenförmige Galaxie

Balkenspiralgalaxie

Spiralgalaxie

Eine Vielfalt an Formen und Größen

Spiralgalaxien wie unsere Milchstraße bilden nur einen Bruchteil aller Galaxien im All. Die weitaus meisten sind vermutlich kleine, unscheinbare Zwerggalaxien in der Nähe von größeren Galaxien. Einige davon haben eine elliptische oder runde Struktur. Es gibt aber auch riesige elliptische Galaxien, die mehrere hundert Milliarden bis über eine Trillion Sterne umfassen. Linsenförmige Galaxien haben etwa die gleiche Form wie Spiralgalaxien, doch fehlen ihnen die Spiralarme. Und schließlich kennen die Astronomen zahlreiche „irreguläre" Galaxien von ganz unterschiedlichen, unregelmäßigen Formen und Größen. Meist besitzen sie gewaltige Gas- und Staubwolken und aktive Sternentstehungsgebiete.

Die Magellanschen Wolken

Die beiden Magellanschen Wolken sind die am besten sichtbaren kleinen Nachbargalaxien unserer Milchstraße, sie gehören zu den irregulären Zwerggalaxien. Der Weltumsegler Ferdinand Magellan beschrieb um 1520 „zwei isolierte Flecken der Milchstraße", die er am Himmel der Südhalbkugel entdeckt hatte und die nun seinen Namen tragen. Bekannt waren sie freilich lange vorher. Zum Beispiel hatte sie der persische Astronom Al-Sufi schon um 964 beschrieben.

Der größere dieser beiden Milchstraßen-Begleiter, die Große Magellansche Wolke, umrundet unsere Milchstraße einmal alle 1,5 Milliarden Jahre. Zurzeit steht sie etwa 170.000 Lichtjahre entfernt. Mit rund 20.000 Lichtjahren Durchmesser ist sie weit kleiner als die Milchstraße. Sie hat eine unregelmäßige Form,

besitzt aber mehrere hell leuchtende Sternentstehungsgebiete. Die Kleine Magellansche Wolke ist sogar nur halb so groß und etwa 210.000 Lichtjahre weit entfernt. Unsere Milchstraße wird sich vermutlich in einigen Jahrmilliarden beide Galaxien einverleiben – schon jetzt hat sie ihnen Sterne, Gas und Staub entrissen.

Kleine und Große Magellansche Wolke (oben) sowie der helle Tarantelnebel (links), ein helles Sternentstehungsgebiet.

Die Andromeda-Galaxie

Die Andromeda-Galaxie ist unsere nächste große Nachbar-Spiralgalaxie und mit 250.000 Lichtjahren Durchmesser sogar größer als die Milchstraße. Sie ist rund 2,7 Millionen Lichtjahre entfernt. Obwohl auch sie eine Spiralgalaxie ist, ist sie in mancher Hinsicht anders aufgebaut als unsere Milchstraße, zum Beispiel enthält sie weniger Masse, aber rund viermal so viele Sterne. Dennoch bietet sie einen ähnlichen Anblick wie unsere Galaxie von außen, und auf den Aufnahmen großer Teleskope kann man ihre Staub- und Gaswolken, Sternentstehungsgebiete, rund 500 Kugelsternhaufen und zahlreiche Begleitgalaxien erkennen. Im Kern enthält sie wie die Milchstraße ein supermassives Schwarzes Loch, das aber rund zehnmal mehr Masse enthält.

Die Andromeda-Galaxie mit ihren beiden am besten beobachtbaren Begleitgalaxien (unten links und oben Mitte). Im Ausschnitt erkennt man viele rötlich leuchtende Sternentstehungsgebiete sowie dunklere Staubstrukturen.

Irreguläre Galaxie

Aktive Galaxien

Wahrscheinlich besitzt jede hellere Galaxie in ihrem Kern ein supermassives Schwarzes Loch. Ist Materie in erreichbarer Nähe, so bildet diese eine Scheibe um diesen Schwerkraftschlund und strudelt auf Spiralbahnen hinein (vgl. S. 34). Das starke Magnetfeld um das Schwarze Loch erzeugt zwei gebündelte Teilchenströme (so genannte Materiejets), die senkrecht zur Scheibe ins All schießen. Die ins Schwarze Loch stürzende Materie und die Jets senden intensive Strahlung in verschiedenen Wellenlängenbereichen aus, von Gammalicht bis Radiowellen. Daher nennt man diese extrem leuchtkräftigen Gebilde aktive Galaxien, obwohl sich die Aktivität eigentlich nur im Zentrum abspielt. Die Milchstraße und die Andromeda-Galaxie zählen nicht zu den aktiven Galaxien, da ihre zentralen Schwarzen Löcher zu wenig Materie verschlingen – sie „hungern".

Kosmische Kollisionen

Obwohl sie meist durch räumliche Abgründe von mehreren Millionen Lichtjahren getrennt sind, stehen Galaxien, bedenkt man ihre Größe, weit näher zusammen als Sterne. Daher stoßen bisweilen zwei dieser Sternsysteme zusammen. Auch unsere Milchstraße könnte in etwa 3 bis 5 Milliarden Jahren Opfer einer solchen Galaxienkollision werden: Die benachbarte Andromeda-Galaxie kommt uns mit etwa 500.000 Stundenkilometern näher. Den einzelnen Sternen und Planeten geschieht dabei nichts, nur verändern sich langfristig ihre Bahnen. Unser Sonnensystem wird bei dem Crash vermutlich in den fernen Randbereich der sich bildenden, neuen Riesengalaxie katapultiert werden.

Zwei miteinander verschmelzende Galaxien. Durch die Schwerkraft der größeren wird die kleinere Galaxie stark verformt.

Eine 45 Millionen Lichtjahre entfernte elliptische Galaxie (rechte Aufnahme, weißer Bereich) zeigt im Radiolicht (orange) zwei leuchtkräftige Jets. Ausschnitt rechts: Um das Zentrum dieser Galaxie fand man eine ausgedehnte Materiescheibe, durch die sich vermutlich das Schwarze Loch speist.

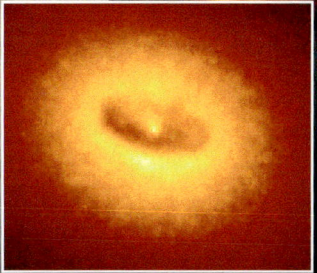

Der Kosmos

Eine Schaumstruktur aus Superhaufen

Die Erde, die Sonne, unser ganzes Milchstraßensystem sind eingebettet in einen gigantischen Raum, dessen Größe wir uns auch nicht annähernd vorstellen können. Er ist im Ganzen gesehen fast leer, aber an manchen Stellen ballt sich die Materie zu Haufen von Galaxien zusammen. Moderne Riesenteleskope haben bereits Milliarden von Galaxien entdeckt, und mit immer besseren Instrumenten nimmt ihre Zahl weiter zu.

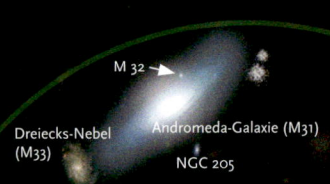

M 32

Dreiecks-Nebel (M33)

Andromeda-Galaxie (M31)

NGC 205

Die Lokale Gruppe

Milchstraße

Kleine & Große Magellansche Wolke

Einer der massereichsten Galaxienhaufen: Alle diffusen Lichtpunkte auf dem Bild sind Galaxien, sie befinden sich in einer Entfernung von 2,2 Milliarden Lichtjahren.

Galaxienhaufen und Superhaufen

Galaxien stehen nur selten vereinzelt im All, die meisten befinden sich in Haufen, oft sogar mit mehreren tausend Mitgliedern. Unsere Milchstraße ist Teil eines kleinen Haufens, der Lokale Gruppe genannt wird. Zu ihr zählt ebenso die große Andromeda-Galaxie sowie neben einer weiteren, deutlich kleineren Spiralgalaxie im Sternbild Dreieck Dutzende von Zwerggalaxien.

Mehrere Galaxienhaufen wiederum formen gemeinsam Superhaufen. Diese gigantischen Gebilde bestehen aus Tausenden Galaxien und haben einen Durchmesser von mehreren hundert Millionen Lichtjahren. Unsere Milchstraße sowie ihre Nachbarn sind Teil des so genannten „Lokalen Superhaufens".

Die Schaumstruktur des Alls

Das gesamte Universum ist erfüllt von einem Gerüst aus Materie, das an Seifenblasenschaum erinnert. Die Wände bestehen aus fadenartigen Filamenten, die von Galaxienhaufen und Superhaufen gebildet werden und die wiederum riesige, praktisch galaxienfreie Hohlräume umspannen, so genannte Voids. Auch diese weiten leeren Räume haben Durchmesser von mehreren hundert Millionen Lichtjahren. In den Filamenten hat sich die sichtbare Materie gesammelt. Die Galaxien häufen sich besonders an den Schnittstellen mehrerer Filamente, hier ballen sich Superhaufen aus jeweils vielen tausend Galaxien zusammen.

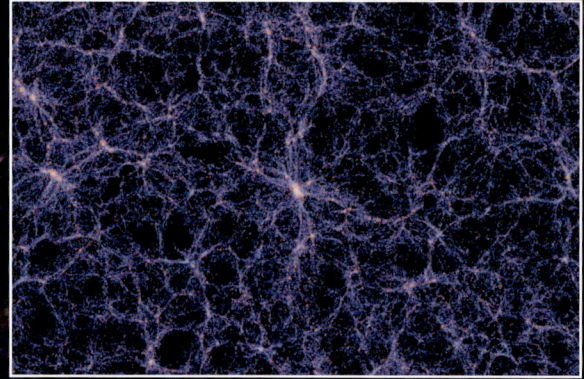

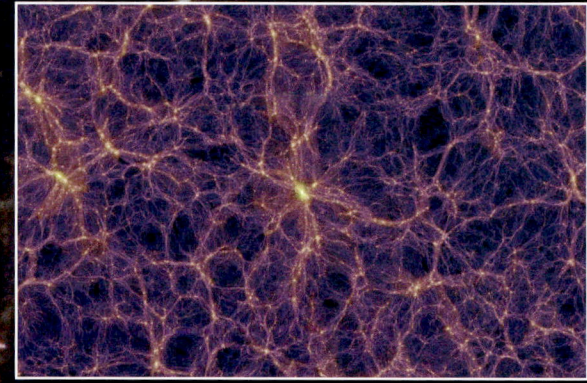

Computersimulation der Schaumstruktur des Universums: Ein feines Netz aus sichtbarer Materie (oben, blau dargestellt) umspannt riesige Hohlräume. Man vermutet, dass es von unsichtbarer Dunkler Materie umhüllt wird (unten, violett dargestellt).

Dunkle Materie

Noch vor einigen Jahren glaubten die Astronomen, die Struktur und Geschichte des Universums ungefähr zu kennen. Doch seit kurzem ist es mit diesem Optimismus vorbei. Es stellte sich nämlich heraus, dass die „normale" Materie – selbstleuchtende wie Sonnen und Licht empfangende wie Planeten oder Gasnebel – insgesamt nur rund 4 Prozent der Gesamtmasse des Alls ausmacht. Über 96 Prozent können wir nur rätseln!

Rund 23 Prozent trägt die „Dunkle Materie" bei. Wir wissen nicht, woraus sie besteht – vielleicht aus noch unentdeckten Elementarteilchen. Sie sendet weder Licht noch sonstige Strahlung aus (daher „Dunkle" Materie) und macht sich nur durch ihre Schwerkraft bemerkbar. So vermutet man seit einigen Jahren, dass diese rätselhafte Materieform eine Art Skelett im All bildet, das für die großräumige Verteilung der sichtbaren Materie verantwortlich ist (s. auch Abb. S. 44 unten).

Dunkle Materie (blau, in besonders dichten Bereichen weiß) bildet eine Hülle um einen Galaxienhaufen. Sie ist nicht sichtbar, auf ihre Verteilung konnten die Astronomen aber durch andere Beobachtungen schließen.

Die Größe des Weltalls

Mit Teleskopen können wir heute in jede Richtung über 13 Milliarden Lichtjahre weit schauen in eine Zeit, lange bevor es Sonne und Erde gab. Denn ein Blick ins All ist immer auch ein Blick in die Vergangenheit, da das Licht entsprechend viele Jahre zu uns gereist ist. Die Entfernung der beobachteten Objekte ist aber heute viel größer geworden, da sich das All in der Zwischenzeit ausgedehnt hat. Doch es gibt Hinweise, dass das Weltall noch viel größer ist. Da es aber „erst" 13,7 Milliarden Jahre alt ist, kann uns Licht mit längerer Reisezeit noch nicht erreicht haben.

Gravitationslinsen

Auf Fotos von Galaxienhaufen, die mit großen Teleskopen gewonnen wurden, erscheinen oft seltsame, bogenförmige Strukturen. Die Ursache der Bögen liegt in der Schwerkraft (Gravitation) eines solchen Haufens: Denn nach Einsteins Relativitätstheorie wird selbst das Licht von der Schwerkraft einer großen Masse abgelenkt, weil diese Masse den Raum um sich herum verformt. Eine große Galaxie oder ein Galaxienhaufen bündelt, verzerrt oder vervielfacht das Licht von weit dahinter liegenden Objekten – ähnlich einer Linse. Daher der Name Gravitationslinse.

Heute nutzen die Astronomen solche Gravitationslinsen auf vielfältige Weise – sie helfen beispielsweise beim Beantworten der Frage, wie alt das Universum ist und wie viel Materie es insgesamt enthält.

Wie groß das Universum wirklich ist, wissen wir nicht

Rand des von der Erde aus beobachtbaren Universums

Erde

Lichtreisezeit: 13,7 Milliarden Jahre

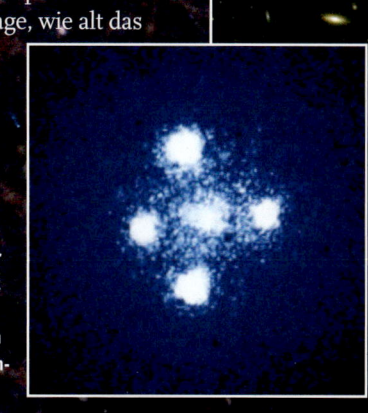

Wirkungen einer Gravitationslinse: Das Licht dahinter liegender Galaxien kann verstärkt und zu Bögen verzerrt (oben rechts) oder auch vervielfacht werden (Einsteinkreuz, rechts).

Die Geschichte des Weltalls

Vom Urknall bis heute

Vor etwa 80 Jahren machte der amerikanische Astronom Edwin Hubble die aufregende Entdeckung, dass sich weit entfernte Galaxien immer weiter von uns entfernen – und zwar je größer ihre Distanz ist, desto rascher. Jedoch fliegen die Galaxien nicht wie die Trümmer einer Explosion in den Raum hinaus, sondern es ist der Raum selbst, der sich ausdehnt, das gesamte Universum expandiert. Mit anderen Worten: Das Weltall ist nicht ewig und unveränderlich, sondern es hat eine Geschichte. Und man weiß inzwischen auch, wann sie begann: vor etwa 13,7 Milliarden Jahren.

1 Der Urknall

Wenn sich der Kosmos ausdehnt, muss er einst kleiner gewesen sein. Man nimmt heute an, dass das gesamte riesige Universum vor 13,7 Milliarden Jahren in einem einzigen Punkt konzentriert war und sich von dort rasend schnell ausdehnte. Man nennt diese Geburt den Urknall. Im ersten Bruchteil einer Sekunde war das Universum weit kleiner als ein Atom, extrem dicht und überwältigend heiß.

Man darf sich den Urknall nicht als Explosion irgendwo im All vorstellen, sondern das gesamte Universum mit Materie und Energie, Raum und Zeit ist in diesem Augenblick überhaupt erst entstanden. Die Frage, was davor war, ist daher mit unserer heutigen Wissenschaft nicht zu beantworten. Ebensowenig wissen die Physiker bislang, was genau im Moment des Urknalls geschah.

2 Die ersten drei Minuten

Wir wissen daher nicht, aus welchen seltsamen Teilchen das Weltall gleich nach seiner Entstehung bestand. Aber während das All expandierte, kühlte es auch ab, und noch innerhalb der ersten Sekunde entstanden die heute bekannten Teilchen – etwa Elektronen, Protonen und Neutronen. Damit waren auch die ersten Wasserstoffatomkerne entstanden, die aus einem einfachen Proton bestehen. Als das All drei Minuten alt und die Temperatur weiter gesunken war, hatten sich weitere Atomkerne gebildet: Ein Teil der Protonen hatte sich mit Neutronen zu Heliumatomkernen verbunden, dem zweitleichtesten Element.

Die Entwicklung des Universums

200–600 Mio. Jahre

380.000 Jahre

1 Milliarde Jahre

5 Millia

Wasserstoffkern
(Proton)

Heliumkern
(2 Protonen + 2 Neutronen)

3 Das Weltall wird durchsichtig

In den ersten Jahrtausenden seiner Existenz war das Universum zwar extrem heiß, aber kein Lichtstrahl hätte es durchqueren können, denn er wäre ständig mit frei umherschwirrenden geladenen Teilchen zusammengestoßen. Erst 380.000 Jahre nach dem Urknall wurde das All durchsichtig – als nämlich die Temperatur so stark gesunken war, dass die Atomkerne die freien Elektronen an sich banden und elektrisch neutrale Atome bildeten. Von da an konnte sich das Licht ungehindert ausbreiten. Die Strahlung aus dieser Zeit können wir heute im Radiowellenbereich als überall präsente „kosmische Hintergrundstrahlung" messen.

Die Kaulquappenform dieser jungen, viele Milliarden Lichtjahre entfernten Galaxien deutet darauf hin, dass im jungen Universum kleinere Strukturen miteinander verschmolzen und zu größeren Galaxien heranwuchsen.

4 Erste Sterne und Galaxien

Das Universum war schon in seiner Frühzeit erfüllt von Dunkler Materie, die sich nach und nach zu gewaltigen Blasen („Halos") zusammenzog. Deren mächtige Schwerkraft saugte auch die „normale", uns bekannte Materie an. So bildeten sich etwa 200 bis 600 Millionen Jahre nach der Geburt des Alls im Innern dieser Blasen erste Sterne und später auch Galaxien aus Gas- und Staubwolken. Viele dieser frühen Zwerggalaxien verschmolzen im Laufe der Zeit zu größeren Strukturen, und es entstanden die Spiral- und elliptischen Galaxien. Vermutlich entstand auch unsere Milchstraße in dieser Zeit.

5 Quasare – Zeugen der Vergangenheit

Vor knapp 50 Jahren entdeckte man mit Radioteleskopen seltsame Quellen von Radiowellen am Himmel, und zwar an Stellen, an denen man mit Lichtteleskopen nur schwache Sterne sah. Man nannte diese Gebilde quasistellare Radioquellen oder kurz Quasare. Erst später fand man heraus, dass sie viele Milliarden Lichtjahre entfernt und extrem leuchtkräftig sind, sonst hätte man sie über diese Entfernung gar nicht sehen können. Heute weiß man, dass es die Kerne junger, hochaktiver Galaxien aus längst vergangenen Zeiten sind, in deren Zentrum ein superschweres Schwarzes Loch umgebende Materie verschlingt. Diese sendet dabei gewaltige Mengen an Strahlung aus. Hat das Schwarze Loch seine Umgebung leergesaugt, erlischt die Aktivität. Man vermutet, dass jede hellere Galaxie einmal ein Quasarstadium durchlaufen hat.

Zwei Quasare (Fotos links). Im rechten Bild sind auch die Spiralarme der umgebenden Galaxie sichtbar.
Oben: Im Zentrum eines Quasars verschlingt ein supermassives Schwarzes Loch umgebende Materie.

10 Milliarden Jahre

13,7 Milliarden Jahre

6 Die Entstehung des Sonnensystems

Als das Universum 9 Milliarden Jahre alt war, bildete sich aus einer Gas- und Staubwolke in einem Randgebiet der Milchstraße unser Sonnensystem. Dabei entstand auch die Erde, auf der sich etwa 1 Milliarde Jahre später erste Lebensspuren zeigten.

7 Die Zukunft des Universums

Jahrzehntelang waren die Astronomen überzeugt, die Expansion des Alls würde sich mit der Zeit verringern, weil die Schwerkraft der darin enthaltenen Materie sie bremse. 1998 aber machten einige Forscher eine verblüffende Entdeckung: Sie stellten fest, dass sich die Expansion stattdessen beschleunigt. Das All dehnt sich also immer rascher aus. Als Ursache vermutet man eine geheimnisvolle „Dunkle Energie", die der Schwerkraft entgegen wirkt. Sie macht sogar den größten Bestandteil des Universums aus, nämlich rund 73 Prozent. Etwa 23 Prozent trägt die ebenfalls rätselhafte Dunkle Materie bei, die normale Materie aus Atomen stellt gerade einmal 4 Prozent

Die Bestandteile des Universums

Dunkle Energie 73%

Dunkle Materie 23%

Normale Materie 4%

Einsteins Universum

Reisen durch Raum und Zeit

Können wir in die Vergangenheit oder in die Zukunft reisen? Kann ein Raumschiff mit Lichtgeschwindigkeit durch das All rasen? Ist unser Universum das einzig existierende? Solche Fragen werden in den letzten Jahren nicht nur von Sciencefiction-Autoren, sondern auch unter Wissenschaftlern verstärkt diskutiert, denn dank besserer Beobachtungsinstrumente erfahren wir immer mehr über den Kosmos. Zudem verstehen wir durch die Fortschritte der Teilchenphysik auch immer besser, wie unsere Welt im Allerkleinsten funktioniert. Für endgültige Antworten allerdings ist es noch bei weitem zu früh.

Weltall mit Dellen

Vor Albert Einstein glaubte man, das All bestünde einfach aus einem großen Raum, in dem die Zeit abläuft. Eine große Masse wie die Sonne zum Beispiel würde eine Kraft auf andere Massen ausüben, und diese Schwerkraft hielte die Planeten auf ihren Bahnen – etwa so, wie die Ketten die Sitze eines Kettenkarussells festhalten.

Einstein dagegen verband in seiner Relativitätstheorie Raum und Zeit zu einer vierdimensionalen „Raumzeit". Große Massen krümmen diese Raumzeit. Die Masse unserer Sonne krümmt demnach ihre umgebende Raumzeit, und die Planeten beschreiben um sie herum elliptische Bahnen, weil sie sich in dieser gekrümmten Raumzeit bewegen. Selbst Licht spürt die Raumzeitkrümmung, und nur deshalb können Schwarze Löcher Lichtstrahlen festhalten.

Die Planeten umlaufen die Sonne, da sie der Raumzeitkrümmung ihrer Umgebung folgen.

Reisen mit Überlichtgeschwindigkeit?

Einsteins Relativitätstheorie ist die Theorie, die das Universum zurzeit am Besten beschreibt. Sie wurde vielfach durch Experimente bestätigt und besagt unter anderem, dass unser Weltall

Albert Einstein

eine eingebaute Höchstgeschwindigkeit besitzt: Weder Materie noch Information kann in Bezug auf die nähere Umgebung schneller reisen als mit rund 300.000 Kilometern pro Sekunde. Körper mit Masse erreichen nicht einmal diese Geschwindigkeit, allein die masselosen Teilchen, wie etwa die Photonen des Lichts, breiten sich derart rasch aus. Reisen mit Überlichtgeschwindigkeit, wie sie in Sciencefiction-Filmen üblich sind, z.B. mit dem berühmten Warp-Antrieb, würden besondere Bedingungen erfordern, etwa exotische Materieteilchen, auf deren Existenz aber nichts hinweist.

Ein alter Menschheitstraum: schneller reisen als das Licht.

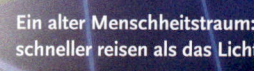

Wurmlöcher – kosmische Abkürzungen

Die Raumzeit unseres Universums ist vermutlich durch die darin enthaltene Masse und Energie in sich gekrümmt. Die Allgemeine Relativitätstheorie erlaubt nun die fantastische Möglichkeit, dass weit voneinander entfernte Bereiche durch Abkürzungen, so genannte Wurmlöcher miteinander verbunden sind. Zur Veranschaulichung könnte man sich den Kosmos als ein gefaltetes Blatt Papier vorstellen. Wollte eine Ameise von einem Ende des Blattes zum anderen gelangen, könnte sie der Papierfläche folgen – das wäre ein langer Weg. Vielleicht könnte sie aber auch eine Stelle finden, wo sich die Flächen direkt berühren und so den Weg abkürzen. Auch so könnte man schneller als das Licht auf dem normalen Wege an ein fernes Ziel gelangen. Bisher gibt es allerdings keine Hinweise auf die Existenz von Wurmlöchern, vermutlich wären sie auch nicht stabil.

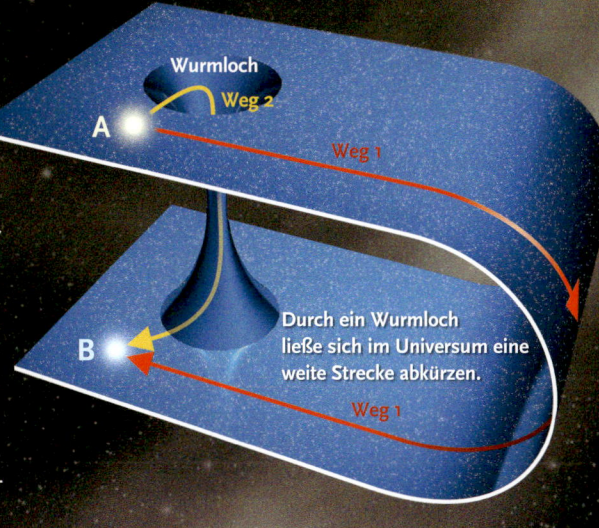

Durch ein Wurmloch ließe sich im Universum eine weite Strecke abkürzen.

Im Raumschiff 10 Minuten vergangen

Auf der Erde 20 Minuten vergangen

Bei Geschwindigkeiten nahe der Lichtgeschwindigkeit beobachtet man eine „Zeitdehnung": Im Raumschiff vergeht die Zeit gemächlicher als auf der Erde, die Uhren laufen langsamer und auch die Raumfahrer altern weniger schnell.

Reisen in Vergangenheit und Zukunft

…sind ebenfalls ein beliebtes Thema der Sciencefiction und physikalisch prinzipiell möglich. In der Wirklichkeit gibt es jedoch keinerlei auch nur annähernd realistische Möglichkeit, in die Vergangenheit zu reisen. Dagegen könnte man zumindest theoretisch in die Zukunft reisen. Denn für Astronauten in einem Raumschiff, das sich nahezu mit Lichtgeschwindigkeit bewegt, vergeht die Zeit langsamer als auf der Erde. Sie könnten also nach vielen Jahren, selbst kaum gealtert, zurückkommen. Praktisch ist jedoch auch dies mit den heutigen technischen Mitteln nicht möglich.

Ein Universum extra für uns?

So fantastisch uns das Universum nach diesen Gedanken auch erscheint, ist es aber offensichtlich so gebaut, dass darin Leben, wie wir es kennen, entstehen kann. Das ist nicht selbstverständlich: Denn schon minimale Veränderungen bestimmter Naturkonstanten würden zum Beispiel stabile Atome oder die Entstehung von Sternen verhindern. Die Frage ist jetzt: Ist diese „Feinabstimmung" Zufall? Ist sie durch uns noch unbekannte Naturgesetze bedingt? Oder gibt es weitere Universen mit anderen Naturgesetzen und vielleicht sogar anderen Lebensformen? Manche Forscher spekulieren, ob das Universum nicht geradezu auf die Entstehung des Menschen zugeschnitten ist. Das ist freilich ein sehr unwissenschaftlicher Gedanke, geboren aus menschlicher Selbstüberschätzung. Denn ebenso gut könnte das Leben rein zufällig hier entstanden sein, wo die Voraussetzungen gerade günstig waren.

Gibt es andere Universen?

Möglicherweise sind durch ähnliche Ereignisse wie „unserem" Urknall auch andere Universen entstanden oder sie entstehen noch, und wir leben in Wirklichkeit in einem „Multiversum". Einige Physiker glauben auch, dass sich im Zentrum von Schwarzen Löchern ganz neue, für uns unzugängliche Universen bilden können. Vielleicht ist sogar unser eigenes Weltall auf diese Weise in einem anderen All entstanden. Ob andere Universen existieren, lässt sich allerdings niemals praktisch überprüfen. Jedoch wäre es möglich, dass sie unterschiedliche physikalische Eigenschaften besitzen. Und so wäre unser Universum einfach eine zufällig fruchtbare und Leben tragende Oase.

Vielleicht gibt es eine Vielzahl von Universen – ein Multiversum.

Die Erforschung des Alls

Schon früh entdeckten die Menschen, dass es am Himmel meist sehr regelmäßig zugeht und nutzten Sonne und Mond sowie das Auftauchen und Verschwinden auffälliger Sterne im Jahreslauf als Kalenderhilfsmittel.

Weil der Himmel als Ort der Götter galt, versuchte man aus seinem Anblick auch die göttlichen Stimmungen und Vorhaben, also Schicksal und Zukunft, herauszulesen. So bildete sich schon im Altertum die Sterndeutung heraus. Manche Menschen betreiben sie noch heute, obwohl die Grundlage dafür, das antike Bild einer von Göttern gesteuerten Welt, längst entfallen ist.

Immerhin erforderte die Sterndeutung sorgsamste Beobachtung und Aufzeichnung aller Himmelserscheinungen, und daraus entwickelte sich nach und nach die Wissenschaft der Astronomie, die den am Himmel waltenden Naturgesetzen nachspürt. Besondere Fortschritte brachte die Erfindung immer besserer Teleskope, und seit einigen Jahrzehnten wird das Universum zudem mithilfe von Radioteleskopen, Satelliten und Raumsonden untersucht.

Frühe Himmelsbeobachter

Gelehrte und Forscher erklären die Welt

Schon vor Tausenden von Jahren beobachteten die Menschen den Himmel, und vor etwa 2500 Jahren begannen griechische Gelehrte schließlich nach naturwissenschaftlichen Erklärungen zu suchen: Sie kartierten und katalogisierten die Sterne, benannten die Sternbilder, studierten die Bahnen der Planeten und erkannten, dass die Erde kugelförmig ist, zuvor hatte man sie für eine Scheibe gehalten.

Um 170 n. Chr. fasste Claudius Ptolemäus das antike astronomische Wissen zusammen, über die Araber gelangte es später erweitert und ergänzt wieder zu den europäischen Gelehrten. Die Erfindung des Teleskops Anfang des 17. Jahrhunderts schließlich eröffnete völlig neue Ausblicke in den Himmel, wodurch die Erkenntnisse über das All stark erweitert wurden.

Das frühe Standardwerk der Astronomie – Titelblatt einer mittelalterlichen Ausgabe des „Almagest" von Claudius Ptolemäus.

Der Himmel in Bronze

Rund 3600 Jahre alt ist eine Bronzescheibe mit eingelegten Goldblechplättchen, die 1999 bei Nebra in Sachsen-Anhalt gefunden wurde. Sie wurde früher mehrfach verändert. In ihrer ursprünglichen Version zeigte sie Halbmond und Vollmond (oder Sonne) sowie Sterne, die den Sternhaufen der Plejaden darzustellen scheinen. In späteren Jahren wurden rechts und links „Horizontbögen" hinzugefügt, die die Sonnenauf- und -untergangspunkte markieren, sowie eine „Sonnenbarke", die vermutlich die nächtliche „Reise" der Sonne zum Aufgangspunkt symbolisieren sollte. Um 1600 v. Chr. wurde die Scheibe aus unbekannten Gründen vergraben. Der linke Horizontbogen fehlt heute.

Stonehenge – gigantische Steinkreise

Vor über 4000 Jahren errichteten Steinzeitmenschen in Südengland ein für damalige Zeiten gewaltiges Bauwerk: Kreise aus zum Teil tonnenschweren Steinen, einige davon überdeckt von ebensolchen Decksteinen. Manche dieser Riesen wurden, vermutlich auf Schlitten, aus einem 380 Kilometer entfernten Steinbruch geholt und stehen noch heute. Offenbar waren sie eine Art Kultstätte und steinzeitliches Observatorium zum Erstellen eines Kalenders, denn einige der Steine sind nach der Sonne zu Sommer- und Winterbeginn sowie zu Frühjahrs- und Herbstbeginn ausgerichtet.

Die Himmelsscheibe von Nebra

Die Sonne rückt ins Zentrum der Welt

Eines der wichtigsten Ereignisse in der gesamten Geschichte der Astronomie ist auf den Astronomen und Domherrn Nikolaus Kopernikus (1473 – 1543) zurückzuführen. In seinem Todesjahr veröffentlichte er die Schrift „Von den Bewegungen der Himmelskörper", in denen er das zuvor allgemein anerkannte Weltbild umstürzte: Keineswegs steht die Erde im Mittelpunkt des Alls. Vielmehr ist die Sonne das Zentrum und wird von den Planeten, darunter der Erde, umkreist. Das hatten zuvor schon andere Astronomen behauptet, aber erst Kopernikus' Arbeit brach dieser Ansicht schließlich Bahn.

Die Steinkreise von Stonehenge

Nikolaus Kopernikus

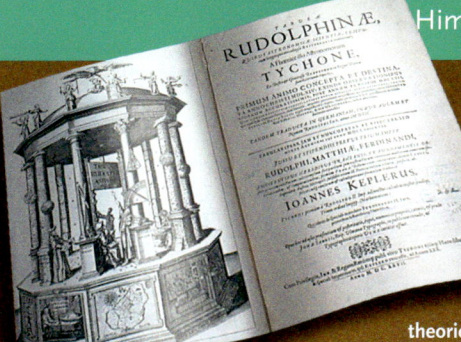

Die Rudolfinischen Tafeln, die Johannes Kepler 1627 veröffentlichte, enthielten die seinerzeit genaueste Darstellung und Vorhersage der Planetenbewegungen. Sie bildeten die Grundlage der Schwerkrafttheorie von Isaac Newton.

Der beste Wahrsager – Johannes Kepler

Johannes Kepler

Der deutsche Astronom Johannes Kepler (1571 – 1630) verbesserte durch genaue Berechnungen das Kopernikanische System. Er verwendete dazu langjährige exakte Beobachtungen des Dänen Tycho Brahe und formulierte daraus nach aufwändiger Rechenarbeit seine drei „Keplerschen Gesetze", die die Bewegungen der Planeten präzise beschreiben. Dank dieser Erkenntnisse konnte Kepler als Erster sehr genau die Position eines Planeten voraussagen.

Galilei und die katholische Kirche

Um 1609 baute der italienische Physiker Galileo Galilei (1564–1642) eines der ersten Fernrohre, richtete es gegen den Himmel und entdeckte unter anderem, dass vier Monde den Planeten Jupiter umrunden. Diese Beobachtung war für Galilei einer von mehreren Beweisen für das Kopernikanische Weltbild, das vor allem von der katholischen Kirche nach wie vor nicht anerkannt wurde. Anders als zuvor angenommen, drehte sich eben nicht alles im All um die Erde. Durch seine Erkenntnisse geriet er freilich in Konflikt mit der Kirche und wurde von der Inquisition zu lebenslangem Hausarrest verurteilt. Erst 1992 (!) gab die Kirche ihren Irrtum zu.

Historische Darstellungen des heliozentrischen Weltbildes, bei dem die Sonne im Mittelpunkt des Planetensystems steht (oben), und des geozentrischen Weltbildes mit der Erde im Zentrum (unten).

Newtons Apfel und Einsteins Ideen

Zwar konnte man mithilfe der Keplerschen Gesetze die Positionen der Planeten genau berechnen, niemand aber wusste, was sie auf ihrer Bahn hielt und verhinderte, dass sie ins All entschwanden. Erst der englische Physiker und Mathematiker Isaac Newton (1643 – 1727) fand des Rätsels Lösung, der Legende nach, als ihm ein Apfel auf den Kopf fiel. Danach hielt die gleiche Schwerkraft, die einen fallenden Apfel zu Boden zieht, auch Mond und Planeten auf ihren Bahnen.

Isaac Newton

Albert Einstein

Zu Beginn des 20. Jahrhunderts entwickelte Albert Einstein mit seiner Allgemeinen Relativitätstheorie schließlich eine übergeordnete Theorie der Schwerkraft (vgl. auch S. 48), die Newtons Physik als Spezialfall enthält.

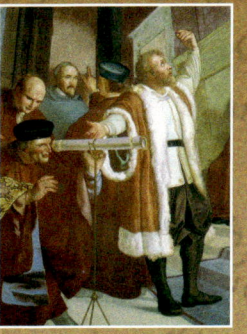

Galileo Galilei demonstriert der Regierung von Venedig sein selbstgebautes Teleskop.

Das All wird größer und größer

Der US-amerikanische Astronom Edwin Powell Hubble (1889 – 1953) fand 1929 durch Untersuchung des Lichts heraus, dass sich ferne Galaxien von uns noch weiter entfernen – je größer ihre Distanz, desto rascher. Seitdem weiß man, dass sich das All ausdehnt. Dies konnte später mit Hilfe des Urknallmodells erklärt werden. Zu Ehren Hubbles wurde das erste Weltraumteleskop nach ihm benannt.

Edwin Hubble und das expandierende All

Teleskope

Riesenaugen für den Himmel

Schon das Fernrohr Galileis um 1609, das weniger leistete als ein heutiges Kaufhaus-Teleskop, verschaffte den Astronomen grundlegend neue Einsichten. In den folgenden Jahrhunderten wurden die Fernrohre ständig verbessert und vergrößert, was rasch zu immer neuen Entdeckungen führte.

Manche heutigen Riesenfernrohre fangen das Licht fernster Himmelsobjekte mit Spiegeln ein, die bis zu 10 Meter Durchmesser haben. Sie stehen auf hohen Berggipfeln, um möglichst viele Luftschichten unter sich zu lassen, die mit Dunst und Turbulenzen die Bildqualität verschlechtern. Daneben gibt es Millionen von kleineren Teleskopen, mit denen Sternfreunde den Himmel betrachten. Denn selbst ein kleines Fernrohr zeigt faszinierende Bilder von zahlreichen Himmelsobjekten.

Linsen- und Spiegelfernrohre

Grundsätzlich unterscheidet man zwei verschiedene Fernrohrsorten: Linsenfernrohre verwenden Sammellinsen als Objektive, Spiegelteleskope arbeiten mit Hohlspiegeln. Das Objektiv ist der Teil eines Fernrohrs, der zum Beobachtungsobjekt gerichtet ist und dessen Licht einfängt. Der Teil am Auge heißt Okular. Das Fernrohrobjektiv bündelt das Licht im Brennpunkt und erzeugt das Bild, das dann vom Okular vergrößert wird.

Während Hobby-Astronomen sowohl Linsen- als auch Spiegelfernrohre verwenden, sind die Instrumente für wissenschaftliche Zwecke heute fast stets Spiegelteleskope, weil sich Linsen ab einer bestimmten Größe unter ihrem Eigengewicht durchbiegen.

Riesenteleskope – die großen Lichtsammler

Bei einem astronomischen Teleskop kommt es viel weniger auf die Vergrößerungsleistung an als auf seine Fähigkeit, möglichst viel Licht zu sammeln. Außerdem sollte es eine möglichst hohe „Auflösung" besitzen, also die Möglichkeit, feinste Einzelheiten ferner Objekte darzustellen. Für beides ist ein möglichst großer Spiegel erforderlich. Heutige Riesenteleskope haben Sammelspiegel bis zu 10 Metern Durchmesser.

Bisweilen wendet man auch einen Trick an: Man führt das Licht mehrerer Teleskope auf optischem Wege zusammen. Diese Methode heißt Interferometrie und ermöglicht eine bei weitem bessere Auflösung als mit einem Teleskop.

Das „Very Large Telescope" arbeitet in der klaren Luft des südchilenischen Berges Paranal. Es besteht aus vier Einzelteleskopen mit Spiegeldurchmessern von jeweils 8,2 Metern, die zu einem Interferometer zusammengeschaltet werden können.

Linsenteleskop

Licht

Brennweite

Sammellinse (Objektiv)

Okular

Brennpunkt

Licht

Brennpunkt

Umlenkspiegel

Okular

Schon mit solchen vergleichsweise preisgünstigen Linsen- oder Spiegelteleskopen kann ein Sternfreund am Himmel „spazieren gehen". Wichtig ist neben guter Optik allerdings auch ein wackelfreies Stativ.

Hohlspiegel (Objektiv)

Spiegelteleskop

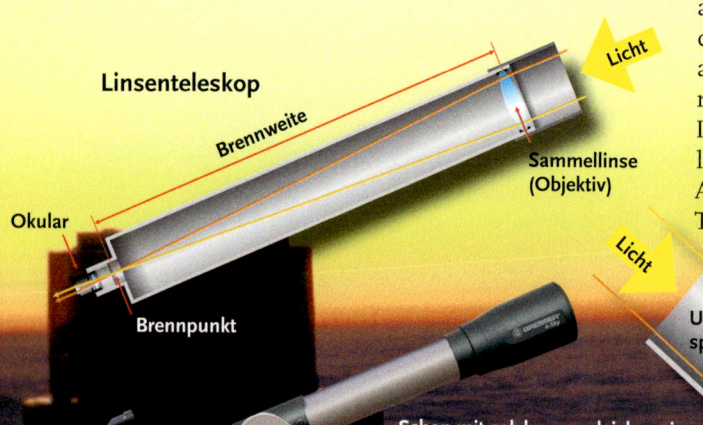

Wie Astronomen heute beobachten

Einst haben Astronomen nächtens in ihrer Sternwarte gesessen, Sternkarten erstellt oder Mondkrater gezeichnet. Als dann besonders leistungsfähige Großteleskope auf abgelegenen Berggipfeln installiert wurden, reisten die Astronomen jeweils für einige Tage dort hin und führten ihr Beobachtungsprogramm durch.

Doch diese Zeiten gehen mit dem Einzug von Datennetzen und lichtempfindlichen Computerchips in die Astronomie, ähnlich denen, wie sie in Digitalkameras verwendet werden, ihrem Ende entgegen. Heute werden Aufnahmen gemacht, die vielfach direkt vom Observatoriumspersonal durchgeführt werden. Die empfangenen Bilder werden in einen Rechner übertragen und anschließend dem „Beobachter" geschickt. Manche Teleskope lassen sich sogar fernsteuern, anders ließe sich etwa das *Hubble*-Weltraumteleskop in seiner Umlaufbahn gar nicht betreiben.

Ingenieur an einem modernen Großteleskop. Dessen Leistung (freilich auch die Kosten) liegt um viele Größenordnungen über der von Galileis Fernrohr, mit dessen Hilfe er seine Mondkarte (rechts im Hintergrund) gezeichnet hat.

Unten: Das von der Erde ferngesteuerte *Hubble*-Weltraumteleskop.

Der Computer – wichtig wie ein Fernrohr

In der modernen Astronomie ist der Computer ein ebenso wichtiges Arbeitsgerät wie das Fernrohr. Die meisten Astronomen schauen nicht in die Sterne, sondern auf einen Bildschirm und werten Beobachtungsdaten von fernen Großteleskopen aus oder – sie rechnen.

Vorgänge im Innern der Sonne etwa verbergen sich selbst vor den besten Teleskopen. Wohl aber kann man mit Hilfe von Computer-Simulationen die Verhältnisse nachzubilden versuchen. Das erfordert den Einsatz aufwändiger Hochleistungsrechner. Die Ergebnisse der Simulationen werden dann mit Beobachtungsdaten verglichen und die Eingangswerte solange verändert, bis das Simulations-Ergebnis mit der Beobachtung übereinstimmt.

Astronomen verbringen den größten Teil ihrer Arbeitszeit am Computer.

Das *Hubble*-Weltraumteleskop

Seit 1990 kreist das *Hubble*-Weltraumteleskop in 590 Kilometer Höhe um die Erde und funkte seitdem Abertausende von faszinierenden Bildern zur Erde. Mit seinem 2,4-Meter-Spiegel gehört es zwar nicht zu den Riesenteleskopen. Aber weil es sich außerhalb der Lufthülle befindet, hat es Beobachtungsbedingungen ohne Dunst und Turbulenzen und kann auch Infrarot- und Ultraviolettstrahlung auffangen, die von der Luft verschluckt wird.

ACHTUNG!

Auf keinen Fall darf man mit einem Fernglas oder Teleskop in die Sonne schauen! Es wirkt wie ein Brennglas und zerstört das Auge sofort und für immer (vgl. S. 15)!

Beobachtung

Selbst ein gutes Fernglas zeigt am Himmel erheblich mehr als das bloße Auge – je größer die Objektivlinsen, desto lichtstärker ist es. Es empfiehlt es sich, das Fernglas auf einem Stativ zu befestigen, so dass man das Objekt wackelfrei betrachten kann.

Ein für den Anfang geeignetes Fernglasobjekt ist der Mond. Betrachtet man ihn über mehrere Tage hinweg, wird man vor allem an der wandernden Licht-Schatten-Grenze ständig eine Fülle neuer Einzelheiten wahrnehmen. Weitere lohnende Objekte sind etwa die Milchstraße, der Orion-Nebel und die Plejaden (vgl. auch S. 62ff).

Unsichtbare Strahlung

Botschaften aus dem All

Radiostrahlung (73 cm)

Radiostrahlung (21 cm)

Radiostrahlung (12 cm)

Mikrowellenstrahlung (2,6 mm)

Infrarotstrahlung (60 µm)

Infrarotstrahlung (12 µm)

Infrarotstrahlung (2,5 µm)

Sichtbares Licht (0,6 µm)

Röntgenstrahlung (1,2 nm)

Gammastrahlung (0,012 pm)

Die Milchstraße, dargestellt in der Strahlung unterschiedlicher Wellenlängen.

Aus dem All dringt nicht nur sichtbares Licht zu uns: Sterne, Galaxien, Gaswolken – und nicht zuletzt unsere Sonne – senden eine Fülle von unterschiedlichen Strahlungen aus, von denen die meisten jedoch von unserer Lufthülle verschluckt werden. Von der Erdoberfläche aus gibt es nur zwei „Fenster" ins All: sichtbares Licht und Radiowellen.

So hat die Entdeckung der Radioastronomie zahlreiche erstaunliche astronomische Phänomene enthüllt; wie vielfältig das Weltall aber wirklich ist, zeigte sich erst, als man auch Messinstrumente für infrarote, ultraviolette, Röntgen- und Gammastrahlung hatte, die an Bord von Satelliten die Erde umkreisen. Zudem gelangen auch energiereiche Teilchen von der Sonne und aus dem fernen All zu uns.

Karl Jansky

Radioastronomie

Ganz zufällig entdeckte 1932 der Radioingenieur Karl Jansky, dass das Milchstraßenzentrum Radiowellen aussendet. Nach dem Zweiten Weltkrieg wurden dann an vielen Stellen der Welt Radioteleskope gebaut: gewaltige Metallspiegel, die ähnlich wie eine TV-Satellitenschüssel die Radiowellen aus dem All bündeln und einem hochempfindlichen Empfangsgerät zuführen.

Da Radiowellen weniger von Staub- und Gaswolken zwischen den Sternen verschluckt werden als das sichtbare Licht, lässt sich mit Radioteleskopen die Struktur der Milchstraße und ihr Zentrum erforschen. Weitere Radiosender aus dem All sind Pulsare, aber auch Objekte außerhalb unserer Milchstraße wie z. B. Quasare.

Radioteleskope vor dem Bild einer Galaxie, die starke Radiostrahlung aussendet.

Von Radiowellen bis Gammastrahlung

Sichtbares Licht, Radiowellen und die verschiedenen Strahlungsarten sind eng miteinander verwandt. Man kann sie auffassen als Wellen, die sich nur in der Frequenz (Anzahl der Schwingungen pro Sekunde) unterscheiden. Man nennt sie „elektromagnetische Wellen", und sie breiten sich stets mit Lichtgeschwindigkeit aus. Die Frequenzen dieser Wellen überspannen einen unglaublich weiten Bereich von wenigen Schwingungen pro Sekunde bis zu vielen Trillionen. Den gesamten Bereich dieser Wellen nennt man das elektromagnetische Spektrum (s. Abb. unten).

Mit der Frequenz steigt auch die Energie der Strahlung, und die Wellenlänge wird kleiner. Am niedrigsten ist die Energie bei den Radiowellen, am höchsten bei den Gammastrahlen. Röntgen- und Gammastrahlen künden daher von besonders energiereichen Vorgängen im All.

Gammastrahlung	Röntgenstrahlung	UV-Strahlung	Sichtbares Licht	IR-Strahlung
Picometer		Nanometer		Mikrometer

1	10	100	1	10	100	1	10	100

Infrarotastronomie

... untersucht die unsichtbare infrarote (IR- oder Wärme-) Strahlung. Der dem sichtbaren Bereich benachbarte Infrarotbereich
lässt sich noch von hohen Bergen aus beobachten, der ferne
Bereich wird mittels Infrarotteleskopen an Bord von Flugzeugen
oder Satelliten erforscht.

Im Infrarotlicht lassen sich relativ kühle Himmelskörper
untersuchen, die kaum sichtbares Licht, aber Wärmestrahlung
aussenden. Außerdem durchdringt auch Infrarotstrahlung die
Staubwolken zwischen den Sternen und erlaubt daher beispielsweise einen Blick auf gerade entstehende Sterne und auf das
Zentrum der Milchstraße.

Das *Spitzer*-Infrarotteleskop vor dem Infrarotbild
einer Sternentstehungsregion.

Ultraviolettastronomie

... ist auf Messinstrumente an Bord von Satelliten angewiesen,
weil die Lufthülle Ultraviolett-(UV-)strahlung stark verschluckt.
Die aus dem All zu uns dringende UV-Strahlung stammt meist
von extrem heißen Sternen, aber auch von Objekten außerhalb
der Milchstraße. Durch Untersuchung dieser Strahlung kann
man ebenfalls die Staub- und Gaswolken im All erforschen,
weil sie je nach Zusammensetzung bestimmte Bereiche des
UV-Lichts verschlucken. Außerdem senden viele chemische
Elemente beim Erhitzen typische UV-Strahlung aus, so dass
man auf diese Weise ferne Sterne chemisch analysieren sowie
u.a. ihre Temperaturen, Geschwindigkeiten und Magnetfelder
messen kann.

Das Ultraviolettteleskop *GALEX* vor den heißen,
leuchtkräftigen Sternen des Orion-Nebels.

Röntgenastronomie

... ist ebenfalls auf Satelliten angewiesen und daher ein recht junger Zweig der Astronomie. „Normale" Teleskope sind für Röntgenstrahlung nicht mehr einsetzbar, Röntgenteleskope bestehen
daher oft aus mehreren ineinander geschachtelten, extrem glatt
polierten Spiegelschalen, die die Strahlung bündeln.

Die empfangenen Röntgenstrahlen stammen etwa von aktiven Galaxienkernen, Doppelsternen, bei denen Gas von einem
Stern auf ein kompaktes Begleitobjekt wie z.B. ein Schwarzes
Loch fließt, Supernovaresten oder Galaxienhaufen. Auch die
äußere Gashülle unserer Sonne strahlt intensiv im Röntgenlicht.

Das Röntgenteleskop *Chandra* vor dem Röntgenbild
eines aktiven Galaxienkerns.

Gammaastronomie

... untersucht die besonders dramatischen und energiereichen
Vorgänge im All. Die meisten Gammastrahlenteleskope arbeiten
an Bord von Satelliten, auch sie sind völlig anders aufgebaut als
Teleskope für sichtbares Licht. Gammastrahlen erzeugen in ihnen
Lichtblitze, die durch Zähler registriert werden. Auf der Erde lässt
sich Gammastrahlung nur indirekt nachweisen.

Es gibt zahlreiche Quellen von Gammastrahlung. So senden
einige Supernovae im Moment der Explosion hochintensive Gam-
mablitze aus. Auch auf Neutronensterne oder Schwarze Löcher
einfallende Materie, heiße Gaswolken und kollidierende Galaxien
geben Gammastrahlen ab.

Das Gammateleskop *INTEGRAL* vor der Illustration eines
Gammstrahlenausbruchs.

rowellen	Radiostrahlung		UKW	Kurzwelle	Mittelwelle	Langwelle	
	Millimeter			Meter		Kilometer	
1	10	100	1	10	100	1	10	100

Das Spektrum der elektromagnetischen Wellen reicht – mit
zunehmender Frequenz, aber abnehmender Wellenlänge – von
der Radio- bis zur Gammastrahlung. Unsere Lufthülle lässt nur
sichtbares Licht und Radiowellen durch.

Raumfahrt

Reisen zu anderen Welten

Die Entwicklung der Raumfahrttechnik hat die Astronomie weiter vorangebracht als die jahrhundertelange Forschung zuvor. 1957 kreiste der erste Satellit, der russische „Sputnik", in einer Erdumlaufbahn, und kurz darauf das erste Lebewesen, die Hündin „Laika". 1969 schließlich setzte der erste Mensch seinen Fuß auf den Mond.

Seither helfen erdumrundende Satelliten, unseren Planeten und das All besser kennen zu lernen (s. S. 57) und übermitteln Nachrichten und Funksignale. Unbemannte Raumsonden haben uns zahllose Nahaufnahmen von anderen Planeten, Monden, Kleinkörpern und der Sonne gesandt. Und nicht zuletzt kreisen Menschen monatelang in der Internationalen Raumstation um die Erde und unternehmen Experimente in der Schwerelosigkeit – vielleicht um in Zukunft Botschafter zu anderen Planeten auszusenden.

Die Internationale Raumstation (ISS)

Über den Wolken – die Raumstation

Die Internationale Raumstation (ISS) ist das größte von Menschenhand geschaffene Objekt in der Erdumlaufbahn, an dem zahlreiche Nationen zusammenarbeiteten. Sie ist ein großes wissenschaftliches Labor, das in rund 350 Kilometer Höhe alle 92 Minuten die Erde umkreist. Nach ihrer Fertigstellung (etwa 2010) wird sie 108 Meter Spannweite und 80 Meter Länge haben, das entspricht der Größe von fast zwei Fußballfeldern. Das Gewicht liegt dann bei 400 Tonnen (entsprechend rund 300 Mittelklasse-Autos). Die Station bietet Raum für zahlreiche Experimente, aber auch Wohnmodule, in denen sich eine mehrköpfige Besatzung monatelang aufhalten kann.

Schwerelos – aber nicht losgelöst!

In einem erdumkreisenden Satelliten oder der ISS herrscht Schwerelosigkeit. Aber nicht etwa, weil sie das Schwerefeld der Erde verlassen haben; es ist dort oben nur rund 10 Prozent geringer als am Boden. Ein Satellit oder eine um die Erde kreisende Raumstation aber befinden sich im freien Fall. Sie leisten der Schwerkraft der Erde keinen Widerstand, also ist die Schwerkraft auch nicht zu spüren. Nur fallen sie nicht in Richtung Erdmittelpunkt, sondern sie besitzen eine so hohe Eigengeschwindigkeit quer dazu, dass sie einen Rundkurs beschreiben – so wie ein geworfener Stein nicht senkrecht zu Boden fällt, sondern in einer gekrümmten Bahn. Beim Satelliten nun ist diese Kurve so groß, dass er an der Erde vorbeisaust. Er fällt ständig, aber er fällt immer wieder an der Erde vorbei – und umkreist sie daher.

Links: Astronauten sind in der ISS schwerelos. Rechts: Astronaut während eines Außenbordeinsatzes frei schwebend.

Raumsonden – Nahaufnahmen aus der Ferne

Raumsonden, also automatische Späher, leisten, was selbst das Weltraumteleskop nicht vermag: Sie liefern detailreiche Nahaufnahmen und Messwerte von den anderen Himmelskörpern unseres Sonnensystems, und manche landeten sogar auf deren Oberflächen. So übermittelten Sonden wie *Ulysses*, *SOHO* und *STEREO* Daten von unserer Sonne. *Venera*-Sonden landeten auf der heißen Venusoberfläche, und *Magellan* kartierte unseren Nachbarplaneten durch die verhüllenden Schwefelsäurewolken hindurch mit Radar. *Pionier*- und *Voyager*-Sonden funkten vor über 20 Jahren aufregende Bilder von Jupiter, Saturn, Uranus und Neptun und haben inzwischen die Außenbezirke des Sonnensystems erreicht. Die *Galileo*-Sonde erforschte vor allem Jupiter und seine Monde, während *Cassini* das Saturnsystem untersucht. Andere Sonden wagten sich in die Nähe von Kometen und Planetoiden.

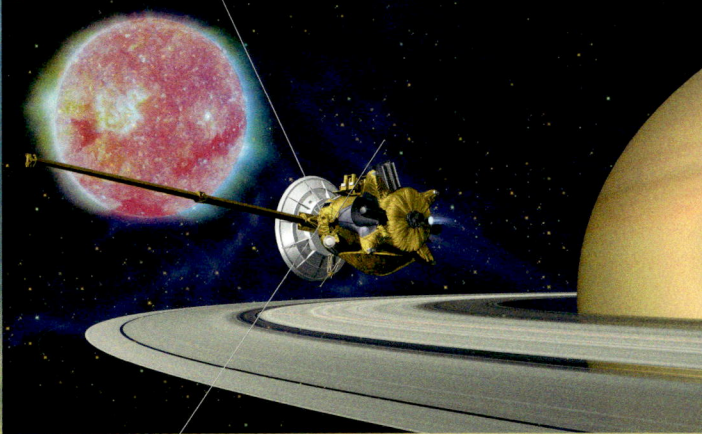

Die Raumsonde *Cassini* bei der Erkundung der Saturnringe. Im Hintergrund einkopiert ein zusammengesetztes Bild der Sonne, aufgenommen von der Sonde *STEREO* im Optischen und im Ultravioletten.

Dreidimensionale Ansicht des Mars-Canyons Valles Marineris, errechnet aus Bildern der marsumkreisenden *Mars Express*-Sonde. In den Hintergrund montiert ein Bild der Marsoberfläche, aufgenommen vom Marsrover *Spirit*.

Ferngesteuerte Marsforscher

Besonders oft bekam unser Nachbarplanet Mars Raumsondenbesuch. 1976 landeten die amerikanischen *Viking*-Sonden auf seiner Oberfläche, funkten Bilder und suchten (vergeblich) nach Lebensspuren. 1997 landete der Mars *Pathfinder* und setzte erstmals ein kleines Fahrzeug aus, den Rover *Sojourner*, der Bilder und Daten von der Oberfläche funkte. Der *Mars Global Surveyor* sendete über 10 Jahre lang Abertausende hochaufgelöster Bilder des Roten Planeten aus der Umlaufbahn.

Inzwischen haben die Marsfahrzeuge *Spirit* und *Opportunity* weitere Gebiete der Oberfläche untersucht, und besonders der marsumkreisende *Mars Express* schickt seit Jahren extrem scharfe 3D-Bilder von Marslandschaften und hat Eis und Spuren von einst vorhandenem flüssigem Wasser entdeckt. Seit März 2006 umkreist zudem der *Mars Reconnaissance Orbiter* den Roten Planeten, weitere Sonden sollen in den nächsten Jahren folgen und die erste bemannte Marslandung für die Zeit nach 2020 vorbereiten.

Mit Schwung durchs Sonnensystem

Raumsonden können nicht einfach per Luftlinie in jeden Winkel des Sonnensystems rasen, oft sind die dazu notwendigen Antriebsraketen zu teuer oder zu groß oder die Flugzeiten einfach zu lang. Man schickt die Sonden daher mitunter auf verschlungene Bahnen, auf denen sie durch die Schwerkraft anderer Himmelskörper auf ihrem Weg beschleunigt oder abgebremst werden. Man nennt diese Methode „Swing-by", also etwa Vorbeiflug.

Die dazu nötige Energie wird der Bewegungsenergie des passierten Himmelskörpers entnommen, dessen Geschwindigkeit sich wegen seiner großen Masse dabei aber praktisch nicht ändert. So wurde etwa die *Cassini*-Raumsonde mehrmals im Schwerefeld anderer Planeten beschleunigt, damit sie ihr Ziel, den Saturn, überhaupt erreichte.

Die Flugroute (orange) der Saturnsonde *Cassini* durch das Sonnensystem.

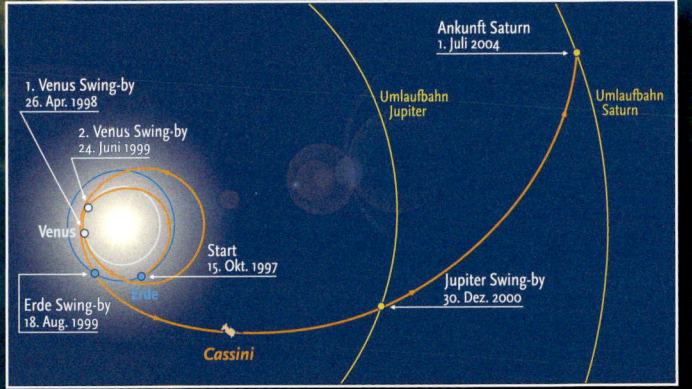

Ankunft Saturn
1. Juli 2004

1. Venus Swing-by
26. Apr. 1998

2. Venus Swing-by
24. Juni 1999

Umlaufbahn Jupiter

Umlaufbahn Saturn

Venus

Start
15. Okt. 1997

Erde

Jupiter Swing-by
30. Dez. 2000

Erde Swing-by
18. Aug. 1999

Cassini

Astrologie und Aberglauben

Von der Vorsehung der Götter

Aus dem jahrtausendealten Glauben, die Erde stehe im Mittelpunkt von allem und der Himmel sei das Reich der Götter, hat sich die Vorstellung entwickelt, man könne durch Beobachtung des Himmelsgeschehens die Zukunft voraussagen – oder auch: die Stellung der Gestirne bestimme das Schicksal jedes einzelnen Menschen.

Wissenschaftliche Himmelsbeobachtung (Astronomie) und Sterndeutung (Astrologie) haben zwar gemeinsame Wurzeln, aber schon in der Antike trennten sie sich: Die Astrologie zählt heute zu den Pseudowissenschaften. Dennoch erfreut sie sich großer Beliebtheit und auch andere skurrile Behauptungen finden eine Reihe von Anhängern. Dazu zählt der Glaube an einen geheimnisvollen Einfluss des Mondes auf das irdische Leben sowie Berichte über Ufos und Spuren von Außerirdischen.

Der Himmel über den Astrologen

Tierkreis nennt man das Band von Sternbildern entlang der Bahnen von Sonne und Planeten am Himmel. Die Griechen teilten den Tierkreis in zwölf gleichlange Abschnitte, die zwölf Tierkreiszeichen. Der Name rührt daher, dass die antiken Beobachter in den meisten dieser Sternbilder Tiere sahen, wie etwa Steinbock, Stier, Krebs, Widder und Fische.

Seit der Zeit der Griechen haben sich jedoch durch eine Kreiselbewegung der Erdachse die Sternpositionen am Himmel um etwa ein Sternbild verschoben und so stimmen die gleichnamigen Sternbilder und Tierkreiszeichen heute nicht mehr überein. Die Astrologen freilich haben davon keine Kenntnis genommen, ebensowenig davon, dass die Internationale Astronomische Union 1925 den Tierkreis erweitert hat: Zwischen Skorpion und Schütze kam als 13. Sternbild der Schlangenträger hinzu. Die Sterndeuter jedoch stützen sich für ihre „Berechnungen" nach wie vor auf die 2000 Jahre alten Tierkreiszeichen der Griechen – ein Bezug zum tatsächlichen Sternenhimmel ist damit nicht mehr gegeben.

Geld ausgeben für Horoskope?

Die Astrologen behaupten, die Positionen von Sonne, Mond und Planeten in den Tierkreiszeichen, die sie auch Sternzeichen nennen, zum Zeitpunkt der Geburt bestimme das künftige Schicksal oder die Persönlichkeit eines Menschen. Sie erstellen daher (meist gegen Geld) Horoskope, die diese Stellung darstellen, und deuten sie entsprechend. Freilich haben zahlreiche wissenschaftliche Untersuchungen gezeigt, dass solche Einflüsse schlicht nicht nachweisbar sind – sie wären nach dem heutigen physikalischen Wissen auch extrem unwahrscheinlich.

Stier (Taurus)
Krebs (Cancer)
Zwillinge (Gemini)
Löwe (Leo)
ZWILLINGE KREBS LÖWE JUNGFRAU
Widder
Wassermann (Aquarius)
Skorpion (Scorpius)
Schütze (Sagittarius)
Steinbock (Capricornus)
Schlangenträger (Ophiuchus)
WASSERMANN STEINBOCK SCHÜTZE

Links: Die Tierkreissternbilder entlang der Sonnenbahn (blaues Band) und die astrologischen Tierkreiszeichen (Sternzeichen, rotes Band) passen schon seit rund 2000 Jahren nicht mehr zusammen.

Oben: Ein Geburtshoroskop mit den Stellungen von Sonne, Mond und Planeten (innerer Symbolkreis) in Bezug auf die Tierkreiszeichen (äußerer Symbolkreis).

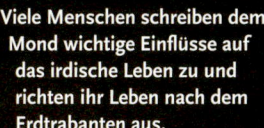

Friseurtermine nach dem Mond

Der Mond beeinflusse den menschlichen Körper und Geist, bestimme Geburt und Tod und regle sogar das Wachstum der Pflanzen: Millionen von Menschen glauben an einen geheimnisvollen Einfluss des Mondes auf das irdische Leben, etwa dass der Vollmond Kriminalitätsraten oder Geburtenzahlen ansteigen lasse. Dabei ignorieren sie schlichtweg, dass Hunderte von statistischen Untersuchungen dies längst eindeutig widerlegt haben.

Die Mondphasen, das ist seit langem bekannt, sind schlichte Beleuchtungseffekte. Und die Schwerkraftwirkung des Mondes auf Menschen oder Pflanzen, der ebenfalls wichtige Einflüsse zugeschrieben werden, ist abertausendfach geringer als beispielsweise die eines vorüberfahrenden Autos. Was in den zahlreichen einschlägigen Büchern behauptet wird, ist keineswegs altes Erfahrungswissen, sondern in der Regel (lukrativer) Unsinn.

Viele Menschen schreiben dem Mond wichtige Einflüsse auf das irdische Leben zu und richten ihr Leben nach dem Erdtrabanten aus.

Ufos – Außerirdische in fliegenden Untertassen

Die erste behauptete Ufo-Sichtung stammt aus dem Jahr 1947 (Ufo ist eine Abkürzung für „unidentifiziertes Flugobjekt"). Seither glauben zahllose Menschen, fremde Raumschiffe beobachtet zu haben. Meist sind es schlicht Irrtümer, etwa wenn die helle Venus, Wolken oder Lichtspiegelungen an Straßenbahndrähten wie dahinflitzende Raumschiffe aussehen. Mancher Ufo-Sichter will sich auch nur wichtig machen, und viele angebliche Ufo-Fotos wurden als Fälschungen entlarvt. So hat es in all den Jahren keine eindeutige und wirklich beweiskräftige Ufo-Sichtung gegeben, nicht einmal von Astronomen, die mehr als andere den Himmel beobachten.

Waren sie schon da?

„Prä-Astronautiker" wie Erich von Däniken behaupten, dass die Erde schon in früheren Zeiten Besuch von Außerirdischen hatte. Sie seien von unseren Vorfahren für Götter gehalten worden, hätten durch Paarungen oder Gentechnik in die Evolution eingegriffen und die Intelligenz der Menschen gesteigert sowie den frühen Menschen nützliche Kenntnisse vermittelt und etwa beim Bau der Pyramiden geholfen.

Nun gibt es sicher noch viele ungelöste Rätsel in unserer Vergangenheit. Aber keines davon eignet sich als wirklich überzeugender Beweis für solche Besuche – was niemand mehr bedauert als die an extraterrestrischem Leben hoch interessierten Astronomen. Dabei würde ja schon ein einziges Artefakt, das unsere Vorfahren zuverlässig nicht hätten herstellen können, als Beweis ausreichen – etwa ein kleiner Alien-Chip in einem sicher dokumentierten Grabfund.

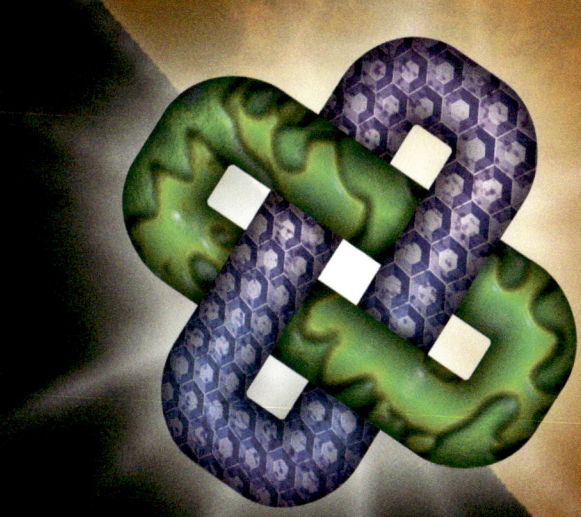

Ein mit Sicherheit von Außerirdischen stammendes Artefakt wie z. B. ein Alien-Chip – ist bisher nicht gefunden worden.

Selbst beobachten

So spannend es ist, über die neuesten Entdeckungen der Astronomen zu lesen – es ist doch nicht zu vergleichen mit einem eigenen Beobachtungserlebnis. Eine dunkle, klare Nacht, am besten weitab jeder künstlichen Beleuchtung, bietet einen unvergesslichen Blick in den Sternenhimmel, der sich majestätisch und schweigend über dem Beobachter wölbt. Das Licht der funkelnden Sterne ist jeweils viele Jahre unterwegs, bis es das Auge des Betrachters erreicht. Jeder der winzigen Lichtpunkte am Himmel ist in Wirklichkeit eine riesige strahlende Sonne, die eventuell auch Planeten besitzt – und vielleicht gibt es dort sogar Lebewesen.

Natürlich macht die Beobachtung des Himmels noch mehr Spaß, wenn man sich zurechtfindet und die bekanntesten Sternbilder erkennt. Dafür bieten die folgenden Seiten Hilfestellung. Sie zeigen den Anblick des Sternenhimmels im Frühjahr, Sommer, Herbst und Winter. Denn im Wandel der Jahreszeiten tauchen am Abendhimmel immer neue Sternbilder und schöne Himmelsobjekte auf wie Doppelsterne, Sternhaufen und Nebel, zu deren Beobachtung es auf den folgenden Seiten viele Tipps gibt.

Die Sternbilder

Wegweiser am Firmament

Wer nachts gelegentlich zum Himmel schaut, hat es längst bemerkt: Der Anblick der Sterne ändert sich im Laufe der Zeit. Mit dem Wechsel der Jahreszeiten zeigen sich unterschiedliche Sternbilder, und auch im Laufe einer Nacht verändert sich der Himmel. Einst glaubten die Menschen, eine gewaltige Himmelskugel, an der die Lichtpunkte der Sterne festgemacht seien, drehe sich im Laufe eines Tages einmal um die ruhende Erde. Seit Kopernikus wissen wir, dass es genau anders herum ist: Die Erde selbst dreht sich einmal pro Tag um ihre Achse und einmal im Jahr um die Sonne. Daher zeigen sich einem Beobachter immer neue Himmelsregionen – so wie an einem Karussellfahrer die Landschaft vorüber zu ziehen scheint.

Orientierungspunkt Polarstern

Weil die Bewegung des Sternenhimmels von der Eigendrehung der Erde herrührt, gibt es am Himmel zwei ruhende Stellen. Diese „Himmelspole" liegen genau über den Polen der Erde. Zufällig steht in der Nähe des Himmelsnordpols ein Stern, der so genannte Polarstern. Er ist zwar nur mittelhell, aber dennoch leicht zu finden, weil seine Umgebung arm ist an hellen Sternen. Man sucht dazu die auffällige Sternanordnung des Großen Wagens auf. Verlängert man den Abstand der beiden Sterne der „Wagenrückwand" fünfmal weg von den gedachten Wagenrädern, trifft man auf den Polarstern. Er steht genau im Norden. Wer sich das merkt, kommt bei Sternbeobachtungen ohne Kompass aus.

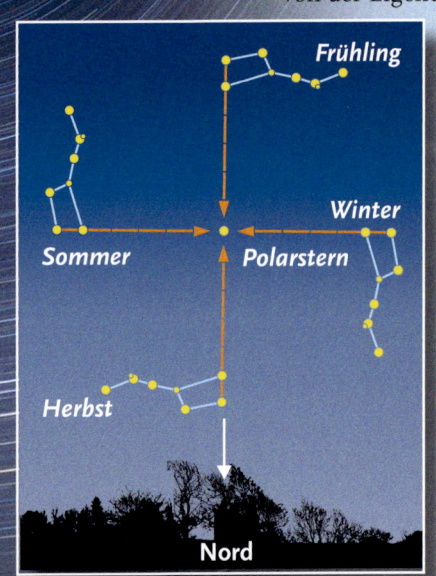

Die Stellung des Großen Wagens am Abendhimmel wechselt mit den Jahreszeiten. Immer aber kann man in der Verlängerung der beiden hinteren Kastensterne den Polarsten finden.

Zirkumpolarsterne

Nicht alle Sterne tauchen irgendwann unter den Horizont. Die Sterne in einem bestimmten Kreis um den Himmelsnordpol herum bleiben das ganze Jahr über sichtbar; sie verändern nur ihre Stellung zum Horizont. Man nennt sie zirkumpolare Sternbilder. Das berühmteste ist der Große Bär bzw. dessen als Großer Wagen bekannten Teil.

Die Zirkumpolarsternbilder sind das ganze Jahr über in jeder Nacht zu sehen.

Sternkarten

Mit den Karten auf den folgenden Seiten können Sie Spaziergänge am Himmel unternehmen und die wichtigsten Sternbilder erkennen. Auf den Jahreszeiten-Panoramakarten (z.B. S. 66/67) sind jeweils die Monate angegeben, zu denen ein Sternbild gegen 22 Uhr abends im Süden steht und somit am Himmel seinen höchsten Stand erreicht. Die jeweils folgenden Beobachtungsseiten (z.B. S. 68/69) helfen mit figürlichen Darstellungen, die Sternbildnamen zu verstehen, und geben Tipps zur Beobachtung interessanter Himmelsobjekte.

Wer zum ersten Mal Sternbilder anhand einer Himmelskarte aufsucht, wird feststellen, dass die Bilder am Himmel weit größer sind als sie auf der Karte wirken. Als Maßstab kann man die eigene Hand am ausgestreckten Arm nutzen, wir haben sie daher als Größenvergleich in die großen Karten eingezeichnet.

Die Planeten

... sind ebensowenig wie der Mond auf den Sternkarten verzeichnet, denn sie wechseln rasch ihre Positionen vor dem Sternenhimmel. Wenn in einem Sternbild ein besonders heller, auffällig ruhig leuchtender „Stern" zu sehen ist, der nicht in der Sternkarte auftaucht, handelt es sich vermutlich um einen der hellen Planeten Venus, Mars, Jupiter oder Saturn. Venus steht, wenn überhaupt, nur abends oder morgens am Himmel. Mars verrät sich durch seine auffällig rötliche Farbe. Jupiter kann man identifizieren durch seine Monde, die schon im Fernglas erkennbar sind. Saturn im Fernglas zu identifizieren ist nicht so einfach: Er wirkt darin zwar leicht oval, sein Ringsystem ist allerdings erst im Fernrohr zu sehen.

Planeten wie etwa Venus oder Jupiter verraten sich am Nachthimmel durch ihre Helligkeit und ihr ruhiges Licht.

Zurechtfinden am Himmel

Im ersten Moment scheint der Himmel ein unübersehbares Gewimmel von Sternen zu sein – besonders in einer sehr dunklen Nacht, in der man auch viele schwächere Sterne erkennt. Am besten sucht man mit Hilfe einer Sternkarte zunächst bekannte Sternanordnungen auf oder solche, die wegen ihrer markanten Form leicht zu identifizieren sind. Dazu gehören z.B. die Kassiopeia (das Himmels-W), der Große und der Kleine Wagen (s. Abb. links). Weiterhin gibt es in jeder Jahreszeit einige Sternbilder, die besonders leicht zu finden sind. Von diesen bekannten Bildern aus tastet man sich dann am Himmel vor zu den noch unbekannten Sternbildern, die mit der Zeit vertraut und damit ihrerseits zu Orientierungshilfen werden.

Beobachtung

Schon für einfache Himmelsspaziergänge ist es ratsam, einen möglichst dunklen Ort mit freier Sicht nach allen Richtungen zu wählen. Hilfreich sind in kalten Nächten auch warme Kleidung und ein Vorrat an heißem Tee. Dazu sollte man dieses Buch mitnehmen und eine Taschenlampe, um in der Dunkelheit die Karten lesen zu können. Freilich blendet das weiße Licht die Augen sehr stark. Mit einem Stück roter Folie vor der Öffnung kann man das verhindern; rotes Licht blendet weit weniger. Wichtig ist, dass man den Augen einige Minuten zum Anpassen an die Dunkelheit gibt – es ist erstaunlich, wie dabei immer mehr Sterne hervortreten.

Die Sternbilder sind ohne Probleme mit bloßem Auge zu erkennen. Für bestimmte Einzelheiten am Himmel, etwa Mondkrater oder Sternhaufen, sollte man aber ein Fernglas zur Hand haben.

Der Sternenhimmel im Frühjahr

Drache

Schwan

Herkules

Jagdhunde

Wega

Leier

Nördliche Krone

Rinderhirte

Haar der Berenike

Pfeil

Gemma

Arktur

Atair

Schlange

Adler

Jungfrau

Schild

Schlangenträger

Spika

Schlange

Waage

Skorpion

Schütze

Antares

Blick nach Süden im: Mai

Der *Große Wagen* steht am Frühjahrshimmel abends hoch im Norden. Seine Deichsel weist direkt den Weg zum *Rinderhirten* mit dem hellen, orangerot leuchtenden Stern Arktur (s. kleine Abb. rechte Seite). Der auffällige Bogen gleich links des Rinderhirten ist die *Nördliche Krone*. Etwa zwei Handbreit rechts unterhalb von Arktur flimmert im Horizontdunst ein weiterer heller Stern: Spika in der *Jungfrau*. Im Süden steht hoch am Himmel der *Löwe* mit dem bläulich weißen Regulus. Arktur, Spika und Regulus bilden zusammen das so genannte Frühlingsdreieck. Zwei Handbreit rechts neben Regulus steht – et-

Großer Wagen

Luchs

Kapella

Fuhrmann

Kleiner Löwe

Kastor

Zwillinge

Pollux

Stier

Krebs

Löwe

Regulus

Kleiner Hund

Beteigeuze

Frühlingsdreieck

Prokyon

Orion

Wasserschlange

Alphard

Rigel

Becher

Sirius

Hase

Rabe

Großer Hund

März

Inset map:
Alkor
Mizar
Großer Wagen
Rinderhirte
Zenit +
Cor Caroli
Jagdhunde
Arktur
Haar der Berenike
Coma-Sternhaufen

was unauffällig – der *Krebs*. Im Westen (rechts), wo am Horizont die Wintersternbilder versinken, strahlen noch unübersehbar Kastor und Pollux nebeneinander, die zum Sternbild Zwillinge gehören. Links unten auf halber Höhe leuchtet der Kleine Hund mit dem hellen Prokyon. Rechts von den Zwillingen steht noch der Fuhrmann mit der hellen Kapella.

Die Deichsel des Großen Wagens weist direkt auf den hellen, orangeroten Stern Arktur im Sternbild Rinderhirte.

Der Sternenhimmel im Sommer

Deneb

Schwan

Sommerdreieck

Eidechse

Leier

Andromeda

Füchschen

Dreieck

Pfeil

Widder

Pegasus

Delfin

Enif

Atair

Adler

Fische

Wassermann

Sch

Walfisch

Steinbock

Schütze

Blick nach Süden im: August

Jetzt erscheinen die Sterne erst am späten Abend. Im Südosten leuchtet dann das helle Sommerdreieck aus den Sternen Deneb im *Schwan*, Wega in der *Leier* und darunter Atair im *Adler*. Es kann in klaren Sommernächten gut zur Orientierung dienen. Etwas oberhalb des Adlers liegt das kleine, aber markante Sternbild *Pfeil*. Quer durch den Schwan zieht sich das leuchtende Band der Milchstraße über den Himmel. Im Sommer ist es sehr ausgeprägt, vor allem am Horizont im Sternbild *Schütze*, weil man dort zum hellen Zentrum unseres Sternsystems blickt. Die späte Dunkelheit, das oft starke Horizontstreulicht und Dunst stören die Beob-

Drache

Herkules

Wega

Nördliche
Krone

Rinderhirte

Gemma

Arktur

Haar der
Berenike

Löwe

Schlange

Jungfrau

Schlangenträger

Spika

Rabe

Becher

Schlange

Waage

Skorpion
Antares

Juni

Mizar Alkor

Zenit

Drache

(Kleiner Bär)

Kleiner
Wagen

Polarstern

achtung allerdings, ebenso wie die des schönen Sternbildes *Skorpion* mit seinem Sternenfächer und dem hellen, rötlichen Hauptstern Antares. Fast im Zenit erkennt man neben der Nördlichen Krone das nicht besonders auffällige Viereck des *Herkules*. Und nach Norden gewandt erstreckt sich (außerhalb der großen Karte, s. kleine Abb. rechts) vom Polarstern aufwärts der *Kleine Wagen*. Der Polarstern ist der äußerste seiner Deichselsterne.

Der Kleine Wagen steht im Frühsommer auf seiner Deichselspitze, dem Polarstern.

Beobachtungstipps
für den Sommer

Der stolze Schwan

Hoch im Südosten segelt im Sommer der große, einprägsame Schwan über den Himmel. Er wird wegen seiner markanten Form auch „Nördliches Kreuz" genannt. Die Griechen sahen in diesem Sternbild den Göttervater Zeus, der sich in Schwanengestalt irdischen Frauen näherte.

Ein schönes Fernglasobjekt ist der Doppelstern Albireo, der den Kopf des Schwans markiert (vgl. S. 29). Die Sternfarben kann man jedoch nur im Teleskop sehen. Der hellste Stern, Deneb, im Schwanz des Schwans ist ein weiß leuchtender Riesenstern, der 300.000-mal stärker strahlt als unsere Sonne. Nur deshalb ist er so hell. Denn er steht in der gewaltigen Entfernung von 3200 Lichtjahren: Das Licht, das wir jetzt sehen, verließ den Stern, als auf der Erde um 1200 v.Chr. Troja und Mykene untergingen.

Das Sternbild Schwan mit seinem Hauptstern Deneb und dem Doppelstern Albireo.

Die Milchstraße im Sommer

Mitten durch den Schwan verläuft die Milchstraße. In einer dunklen, klaren Nacht kann man sie als unregelmäßiges Band mit dunklen Stellen erkennen, das sich quer über das Himmelsgewölbe zieht. Die Griechen sahen in ihr einen Spritzer göttlicher Muttermilch. In Wirklichkeit ist sie unsere Spiralgalaxie, die gewaltige Scheibe aus Milliarden von Sternen, in der wir leben (vgl. S. 40/41). Das Band entspricht der Scheibenebene. Schaut man dagegen in andere Bereiche des Himmels, blickt man aus der Milchstraßenebene nach oben oder unten heraus. Tatsächlich gehören alle mit bloßem Auge sichtbaren Sterne zu unserer eigenen Milchstraße. Die Einzelsterne, die wir um uns herum sehen, sind nur besonders nahe oder leuchtkräftig.

Im Sommer ist die Milchstraße besonders hell, da wir in Richtung Zentrum des Sternsystems blicken, wo die Sterne sehr dicht stehen. Es liegt im Sternbild Schütze. Jedoch macht die Horizontnähe eine Beobachtung oft nicht leicht.

Die Leier

An der Leier ist der Hauptstern Wega am auffälligsten. Links unterhalb schließt sich ein Parallelogramm aus weniger hellen Sternen an. Die Griechen sahen in dem Sternbild die Leier des Sängers Orpheus. Die helle Wega ist der dritthellste Stern des Nordhimmels. Sie leuchtet etwa 55-mal heller als die Sonne und ist mit 25 Lichtjahren Entfernung recht nahe. Außerdem ist sie mit 600 Millionen Jahren vergleichsweise jung; unsere Sonne ist fast achtmal so alt. Nach neuesten Erkenntnissen rotiert Wega außerordentlich rasch, kurz vor der Zerreißgrenze durch die Fliehkraft. Sie ist von einer Staubscheibe umgeben. Es ist denkbar, dass dort jetzt gerade Planeten entstehen.

Das Sternbild Leier mit dem Hauptstern Wega und dem Doppelstern Epsilon Lyrae (auch Foto rechts unten).

Doppelstern für Adleraugen

Adleraugen kann man am benachbarten Stern Epsilon beweisen. Bei sehr guter Sehschärfe erkennt man ihn als Doppelstern – erst recht natürlich im Fernglas. In Wirklichkeit besteht dieses System sogar aus vier einander umkreisenden Sternen, aber das kann man nur im Fernrohr erkennen.

Der Adler

Das große T des Adlers fällt am Sommerhimmel gut auf. Schon die Babylonier hat diese Sternengruppe an einen fliegenden Adler erinnert, und die Griechen interpretierten es als den Adler, der an der Leber des Prometheus fraß, den Zeus hatte anketten lassen, weil er den Menschen das Feuer gebracht hatte. Der Hauptstern im Adler ist der nur knapp 17 Lichtjahre entfernte Atair. Im Durchmesser ähnelt er unserer Sonne, jedoch sind seine Oberflächentemperatur und Leuchtkraft höher (vgl. auch S. 28).

Ein Kleiderbügel am Himmel

Wandert man mit dem Fernglas von Atair aus etwa eine Handbreit langsam nach rechts oben, erscheint eine auffällige Sternengruppe, die an einen auf dem Kopf hängenden Kleiderbügel erinnert. Sie gehört zu dem unscheinbaren Sternbild Füchschen und ist schon mit bloßem Auge als Fleck erkennbar. Dieser Haufen besteht aus nur sechs halbwegs hellen und einigen weiteren lichtschwachen Sternen und ist rund 420 Lichtjahre entfernt. Zum erstenmal erwähnt wurde er schon 964 von dem arabischen Astronomen Al-Sufi.

Das Sternbild Adler mit dem „Kleiderbügel", dem Sternhaufen M 11 sowie der hellen Milchstraßenwolke im Sternbild Schild. Links: Schon ein Fernglas zeigt die typische Form der Sternformation des „Kleiderbügels", die ihr zu ihrem Namen verhalf.

Schildwolke und Sternhaufen

Der Adler steht in einer sternreichen Region, nicht allzu weit entfernt vom Zentrum der Milchstraße im Sternbild Schütze. Daher kann man im unteren Bereich (hier beginnt das kleine Sternbild Schild) schon mit dem Fernglas eine helle Sternwolke erkennen. Gleich daneben steht ein gut sichtbarer offener Sternhaufen mit der Bezeichnung M 11. Er ist rund 5600 Lichtjahre entfernt – sein Licht ging auf die Reise, als in Mesopotamien um 3500 v.Chr. die Keilschrift erfunden wurde.

In einem Fernrohr offenbart sich die ganze Schönheit des Sternhaufens M 11 (Foto rechts), der auch als „Wildentenhaufen" bekannt ist. Der Anblick der hellen Haufensterne erinnerte die ersten Beobachter an einen Schwarm fliegender Enten, daher der Name.

Der Sternenhimmel im Herbst

Kapella

Fuhrmann

Perseus

Andromeda

Kastor

Pollux

Dreieck

Zwillinge

Stier

Plejaden

Widder

Aldebaran

Fische

Beteigeuze

Prokyon

Orion

Walfisch

Rigel

Sirius

Hase

Eridanus

Großer
Hund

Blick nach Süden im: November

Die Tage werden merklich kürzer, und das Sommerdreieck senkt sich gen Westen (rechts). Der Schwan
ist jedoch noch gut zu erkennen. Links unterhalb davon, über dem Sternbild Adler, stößt man auf das
kleine, aber markante Sternbild *Delfin*. Daneben spannt sich das weite Viereck des *Pegasus* auf, das auch
als Herbstviereck bezeichnet wird. Von seinem linken oberen Stern ausgehend zeigt eine eher unauffälli-
ge Sternenkette nach oben. Es ist das Sternbild *Andromeda*, über dessen zweitem Stern man in dunklen
Nächten die Andromeda-Galaxie schon mit bloßem Auge als schwaches Wölkchen erkennt. Die Kette

Eidechse

Deneb

Schwan

Wega

Herkules

Leier

Füchschen

Herbstviereck

Pfeil

Pegasus

Enif

Delfin

Atair

Adler

Schlangenträger

Wassermann

Schild

Schlange

Steinbock

Schütze

Antares

September

Andromeda

Dreieck

Luchs

Zenit

Algol

Kassiopeia

Kepheus

Doppel-
sternhaufen

Perseus

Polarstern

zeigt auf *Perseus*, der hoch am Himmel steht und einem auf dem Kopf stehenden Y ähnelt. Ganz hoch am Nordhimmel (außerhalb der großen Karte, s. kleine Abb. rechts) findet man das (je nach Blickrichtung) W- oder M-förmige, gut erkennbare Sternbild *Kassiopeia*. Links daneben kann man versuchen, den nicht leicht auszumachenden *Kepheus* zu finden, der an ein schiefes, kopfstehendes Haus erinnert.

Mit Hilfe des auffälligen Himmels-W (Kassiopeia) lässt sich auch der unscheinbare Kepheus finden.

Beobachtungstipps
für den Herbst

Das Sternbild Kassiopeia, das bei uns auch als Himmels-W bekannt ist.

Königin Kassiopeia

Das Himmels-W stellte für die Griechen die hochmütige Königin Kassiopeia, die Frau des Königs Kepheus, dar. Zur Strafe für ihren Hochmut sollte sie ihre Tochter Andromeda opfern, die aber vom Helden Perseus gerettet wurde, der auf seinem geflügelten Pferd Pegasus herbeieilte. Alle Figuren dieser Sage finden sich als Sternbilder am Himmel. Die Kassiopeia ist eine markante, leicht zu erkennende Sternengruppe mit der Form eines „W" und hat den Vorteil, bei uns das ganze Jahr über sichtbar zu sein; sie gehört zu den zirkumpolaren Sternbildern (vgl. S. 65). Man kann auch mit ihrer Hilfe den Polarstern finden: Die Mittelspitze des W zeigt genau darauf.

Links: Auch mit dem Himmels-W kann man den Polarstern finden: die Mittelspitze des Buchstabens zeigt auf ihn. Nicht weit vom Himmels-W entfernt liegt der Doppelsternhaufen, der schon zum Sternbild Perseus zählt (s. rechte Seite).

Das Sternbild Andromeda mit seiner berühmten, bereits mit bloßem Auge erahnbaren Galaxie.

Andromeda und ihre berühmte Galaxie

Die Tochter der Kassiopeia bildet sich am Himmel als langgestrecktes, nicht allzu auffälliges Sternbild ab – eine Kette von vier Sternen, die vom benachbarten Sternbild Pegasus ausgeht. Berühmt ist es vor allem durch die Andromeda-Galaxie. Sie ist die einzige Galaxie, die man von der Nordhalbkugel der Erde aus mit bloßem Auge beobachten kann. In klaren dunklen Nächten erscheint sie als schwacher nebliger Fleck etwas oberhalb des zweiten Andromeda-Sterns. Daher hat man sie anfangs auch Andromeda-Nebel genannt, bis bessere Fernrohre sie als ein System aus vielen Sternen entlarvten. Die Andromeda-Galaxie ist das fernste Objekt, das man mit bloßem Auge erkennen kann: Als ihr Licht vor knapp 3 Millionen Jahren auf die Reise ging, stapften auf der Erde die ersten Urmenschen umher.

Andromeda-Galaxie

Das Herbstviereck Pegasus

Das geflügelte Pferd stellt ein so ausgedehntes Sternbild dar, dass man es zuerst gar nicht wahrnimmt, trotz seiner einprägsamen Form – ein Quadrat aus vier hellen Sternen. Es ist gut vier Hände breit. Der Sage nach entstand Pegasus aus der Verbindung des Meeresgottes Poseidon mit der Medusa, einer Dame mit Schlangenhaaren, deren Blick jeden zu Stein erstarren ließ. Am Himmel scheint das geflügelte Ross gerade einen Looping zu drehen – es steht kopfüber. Sein zweithellster Stern Scheat (arab., Vorderbein) ist ein Roter Riese, 200-mal so groß wie die Sonne.

Scheat

Links: Das große Herbstviereck Pegasus mit dem Riesenstern Scheat.

Unten: Die Kurve in der Bildmitte zeigt die schwankende Helligkeit von Algol. Die kleinen Dellen stammen von der Nebenbedeckung, wenn der hellere Stern den dunkleren bedeckt (Algol A vor Algol B). Deutlich lichtschwächer aber erscheint der Stern während einer Hauptbedeckung, wenn sich der dunklere Begleiter Algol B vor den helleren Algol A schiebt.

h & chi Perseï

Algol

Das Sternbild Perseus mit dem Doppelsternhaufen h & chi Perseï. In der Hand trägt der Held der griechischen Sage den Schlangenkopf der Medusa, der durch den Teufelsstern Algol repräsentiert wird.

Perseus und der Teufelsstern

Am Herbsthimmel tummeln sich die Gestalten der Andromeda-Sage, und auch der Perseus gehört dazu – er war der Held, der die Andromeda rettete. Zuvor hatte er die Medusa enthauptet, ihren schlangenverzierten Kopf trägt er noch in der Hand. Ihr Haupt repräsentiert der Stern Algol, der „Teufelsstern". Er war früheren Sternbeobachtern unheimlich, und tatsächlich hat es mit ihm eine besondere Bewandtnis: Alle drei Tage sinkt seine Helligkeit für etwa 10 Stunden merklich ab. Grund ist ein dunklerer Begleiter, der ihn umkreist und regelmäßig teilweise verdeckt.

Algol B
Algol A
Nebenbedeckung

scheinbare Helligkeit

0 1 2 3 4
Tage

Hauptbedeckung
Algol A
Algol B

Der Kleine Wagen

...heißt eigentlich Kleiner Bär und ist das ganze Jahr über am Himmel zu sehen. Das Sternbild ähnelt frappierend dem Großen Wagen, ist aber lichtschwächer und daher weniger markant. Aber es ist leicht zu finden: Sein äußerster Deichselstern und gleichzeitig hellster Stern ist nämlich der Polarstern, den man mithilfe des Großen Wagens oder der Kassiopeia gut entdecken kann (s. links und S. 64). Der Polarstern ist eigentlich gar kein besonderes Gestirn – es steht nur zufällig nahe am Himmelsnordpol und nähert sich ihm in den kommenden Jahrzehnten sogar noch weiter an. Eigentlich stellt er ein System aus drei Sternen dar; der hellste davon leuchtet rund 2000-mal so hell wie unsere Sonne. Er ist rund 460 Lichtjahre entfernt, wir sehen ihn also, wie er zur Zeit des Augsburger Religionsfriedens um 1555 aussah.

Der Doppelsternhaufen h und chi

Auf halbem Weg zwischen Perseus und Kassiopeia liegt ein auch im Fernglas schon sehr eindrucksvoller Doppel-Sternhaufen, h und chi Perseï genannt. Jede der beiden Sternansammlungen ist mehr als 7000 Lichtjahre von uns entfernt – ihr bei uns eintreffendes Licht machte sich noch vor Ötzis Zeiten auf den Weg.

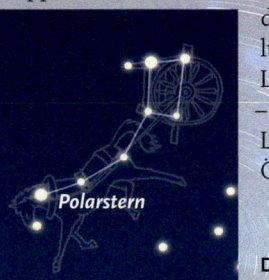

Polarstern

Der Kleine Wagen mit dem Polarstern.

Der Sternenhimmel im Winter

Großer Wagen

Luchs

Kleiner Löwe

Kastor

Pollux

Haar der
Berenike

Krebs

Zwillinge

Löwe

Regulus

Kleiner
Hund

Jungfrau

Prokyon

Wasserschlange

Alphard

Spika

Becher

Rabe

Großer
Hund

Sirius

Blick nach Süden im

Februar

Die klaren Winternächte erfordern zwar warme Kleidung, belohnen aber dafür mit besonders schönen Sternbildern. Am Südhimmel fällt sofort der gewaltige *Orion* ins Auge mit seinen drei fast in einer Linie stehenden
Gürtelsternen und den hellen Sternen Beteigeuze und Rigel. Der funkelnde Stern links unterhalb von Orion
ist Sirius im *Großen Hund*, links über ihm leuchtet Prokyon im *Kleinen Hund*. Rechts über dem Orion erkennt
man ein liegendes V am Himmel, das Sternbild *Stier*, in dessen Schenkel der rötliche Aldebaran strahlt. Noch
etwas weiter zur Rechten liegt ein kleiner, aber auffälliger Sternhaufen, der Plejaden oder Siebengestirn ge-

Perseus

Kapella

Fuhrmann

Andromeda

Wintersechseck

Dreieck

Plejaden

Stier

Widder

Pegasus

Aldebaran

Beteigeuze

Fische

Orion

Rigel

Walfisch

Eridanus

Hase

Dezember

nannt wird. Den Westhimmel (rechts) dominiert noch das gewaltige Viereck des Pegasus, an den sich nach links oben die Andromeda anschließt. Quer über den dunklen Winterhimmel zieht sich die Milchstraße. Sie strahlt jetzt im Winter zwar nicht so hell, da wir in die Randbezirke unserer Sternenscheibe blicken, aber da die Winternächte oft sehr dunkel sind, ist sie trotzdem häufig gut zu sehen. Fast im Zenit erkennt man im Süden den *Fuhrmann* mit dem hellen Stern Kapella, links unterhalb davon die auffälligen *Zwillinge* Kastor und Pollux. Die hellen Sterne Prokyon, Pollux, Kapella, Aldebaran, Rigel und Sirius bilden zusammen das Wintersechseck.

Beobachtungstipps
für den Winter

Ausgangspunkt Orion

Dieses typische Wintersternbild, das für die Griechen einen Jäger symbolisierte, steht riesig am Abendhimmel und ist dank seiner hellen Sterne nicht zu übersehen. Beteigeuze, der Schulterstern links oben, zählt zu den schönsten Roten Riesen am Himmel. Er ist etwa 600-mal größer als unsere Sonne und hat eine rund 10.000-fache Leuchtkraft. Schon mit bloßem Auge kann man seinen rötlichen Schein gut erkennen. Auffällig ist besonders der Farbkontrast zum bläulich leuchtenden Rigel rechts unten. Rigel ist der weitaus hellste Stern in unserem Bereich der Milchstraße und übertrifft unsere Sonne an Leuchtkraft um das 40.000-fache. Sein Licht ist fast 800 Jahre zur Erde unterwegs; wir sehen Rigel also jetzt, wie er zur Zeit des Hochmittelalters um 1200 aussah.

Beteigeuze

Rigel

Das Sternbild Orion mit seinen hellsten Sternen Beteigeuze und Rigel.
Rechts: Die prächtige Farbe des Orion-Nebels zeigt sich nur auf Fotos, unser Auge ist dafür nicht lichtempfindlich genug.

Der Stier und die Hyaden

Geht man vom Orion aufwärts, findet man ohne Schwierigkeiten das charakteristische liegende V des Sternbilds Stier. Genau genommen stellt es sogar nur dessen Kopf dar, der orangerot leuchtende Aldebaran ist das eine Auge des Tieres. Dieser Rote Riese ist rund 45-mal größer als die Sonne und mit 68 Lichtjahren nur halb so weit entfernt wie die anderen Sterne im Stierkopf. Diese bilden gemeinsam einen offenen Sternhaufen, die „Hyaden", aus rund 350 Sternen. Sie rasen alle zusammen auf einen Punkt des Alls zu, der links von Beteigeuze liegt.

Der prachtvolle Orion-Nebel

Etwas unterhalb der drei Gürtelsterne kann man schon mit bloßem Auge den Orion-Nebel erkennen. Ein guter Feldstecher zeigt ihn als Wölkchen. Er ist der hellste Nebel an unserem Himmel. Der leuchtende Bereich ist allerdings nur ein winziger Fleck verglichen mit der gesamten Ausdehnung jener riesigen Gas- und Staubwolke, in der auch jetzt noch Tausende neuer Sterne und vermutlich auch Planeten entstehen (vgl. S. 30). Von der Erde ist er rund 1500 Lichtjahre entfernt, sein Licht ging also kurz nach dem Zusammenbruch des Römischen Reichs um 500 auf die Reise.

Die Plejaden

Diese Sternengruppe beeindruckt die Astronomen schon seit Jahrtausenden. Bis heute ist es allerdings ein Rätsel, warum dieser grandiose Sternhaufen Siebengestirn heißt: Man erkennt nämlich nur sechs helle Sterne – oder mit dem Fernglas Dutzende. Vielleicht liegt es daran, dass einer jener Sterne langsam in seiner Helligkeit schwankt und daher nur zeitweise gesehen werden kann. Rund 1200 Sterne zählen insgesamt zu diesem Sternhaufen, und sie stehen gemeinsam etwa 430 Lichtjahre entfernt – ihr Licht machte sich zur Zeit Queen Elizabeths I. um 1575 auf den Weg.

Das Sternbild Stier mit seinem orangerot leuchtenden Hauptstern Aldebaran und den Sternhaufen der Hyaden und Plejaden.
Rechts: Die Sterne der Plejaden sind umgeben von blau leuchtenden Staubwolken, die aber nur auf lang belichteten Fotos zu sehen sind.

Plejaden

Hyaden

Aldebaran

Der seltsame Fuhrmann

Nicht selten wundert man sich über die Fantasie der Sternbild-Namensgeber. Es gehört schon einiges dazu, in dem Fünfeck oberhalb des Stiers einen Fuhrmann zu erkennen, der eine Ziege trägt. Für die Römer freilich war dies der griechische König Erichthonios, der den vierspännigen Wagen erfunden hat.

Der hellste Stern ist im Fuhrmann ist Kapella (übersetzt Zicklein). Er leuchtet gelblich, steht rund 42 Lichtjahre entfernt und ist der einzige sehr helle Stern, der bei uns nie unter den Horizont sinkt.

Oben: Das Sternbild Fuhrmann mit seinem Hauptstern Kapella.

Die Milchstraße im Winter

Im Winter zieht sich die Milchstraße wieder quer über den Himmel, jedoch schauen wir jetzt in die weniger sternreichen und damit weniger hellen Außenbezirke der Sternenscheibe. Trotzdem lohnt eine Beobachtung, da die Winternächte besonders dunkel sind. Am besten wartet man mit der Beobachtung einige Minuten, bis sich die Augen an die Dunkelheit gewöhnt haben. Richtet man dann den Blick nach oben, sieht man die Milchstraße als zart leuchtendes Band.

Die Zwillinge

Wer die beiden benachbarten hellen Sterne sieht, versteht sofort den Namen des Sternbilds. Für die Griechen waren Kastor und Pollux zwei uneheliche Söhne des Zeus. Die Römer freilich sahen in ihnen Romulus und Remus, die Gründer Roms. Pollux ist rund 34 Lichtjahre entfernt und etwa achtmal größer als die Sonne. Kastor dagegen ist ein kompliziertes Sternsystem aus sechs Sternen in 45 Lichtjahren Distanz.

Rechts: Das Sternbild Zwillinge mit seinen Hauptsternen Kastor und Pollux.

Die Wintermilchstraße und die Sternbilder Großer und Kleiner Hund mit den Sternen Sirius und Prokyon.

Leuchtende Hunde und Weiße Zwerge

Ein Jäger ist meist von seinen Hunden begleitet, und das gilt auch für den „Himmelsjäger" Orion: Links von ihm strahlen zwei besonders helle Sterne, die zu den Sternbildern Kleiner und Großer Hund gehören. Der helle Stern im Großen Hund, auf den die drei Orion-Gürtelsterne weisen, ist der berühmte Sirius. Mit nur 8,6 Lichtjahren Entfernung ist er ein Nachbar der Sonne und der hellste Stern überhaupt am gesamten Nachthimmel. Aufgrund seiner Oberflächentemperatur von rund 10.000 Grad leuchtet er bläulich weiß. Unsere unruhige Lufthülle nah am Horizont lässt ihn aber meist in vielen Farben funkeln. Sirius ist ein Doppelstern: Sein nur in großen Fernrohren sichtbarer kleiner Begleiter ist ein Weißer Zwerg. Auch der helle Stern Prokyon im Kleiner Hund hat solch einen Weißen Zwerg als Begleiter, der nur etwa so groß wie die Erde ist. Bei 11 Lichtjahren Entfernung können wir Prokyon ebenfalls noch als Nachbarstern ansehen.

Sirius und sein Begleiter, ein Weißer Zwerg.

Spannende Himmelsereignisse
Die Highlights der kommenden Jahre

Die Vorgänge am Himmel galten schon im Altertum geradezu als Sinnbild der Regelmäßigkeit. In der göttlichen Sphäre des Himmels, so glaubte man, laufe alles nach ehernen, ewigen Gesetzen ab. Die Bemühungen der Sterndeuter zielten denn auch dahin, diese Gesetze zu ergründen und sie zur Vorhersage der Zukunft zu nutzen. Wenn es aber doch einmal ein unvorhergesehenes Ereignis gab, etwa einen Kometen, so konnte man dies nur als Zeichen der Götter deuten – im Zweifelsfall als böses Omen.

Die moderne Astronomie hat uns von diesem Aberglauben befreit. Sie kann längst die meisten mit bloßem Auge sichtbaren Vorgänge am Himmel exakt vorhersagen – allerdings nicht alle.

Mondfinsternisse – wenn der Mond rot wird

Die vom Sonnenlicht getroffene Erde wirft einen langen Schattenkegel ins All (s. Abb. linker Teil). Bei Vollmond läuft der Mond von der Sonne aus gesehen hinter der Erde vorbei. Meist bewegt er sich über oder unter dem Schatten hinweg, aber zwei- bis dreimal im Jahr marschiert er genau oder teilweise durch den Schatten hindurch und verdunkelt sich bis zu zwei Stunden lang. Der schwache, kupferrote Schein des Mondes bei einer totalen (vollständigen) Verfinsterung rührt von Lichtresten her, die gefiltert durch die Erdatmosphäre dringen.

Die nächsten Mondfinsternisse

21. Februar 2008, 4.25 Uhr	t*
16. August 2008, 22.10 Uhr	p
21. Dezember 2010, 9.17 Uhr	t
15. Juni 2011, 21.12 Uhr	t
10. Dezember 2011, 15.30 Uhr	t
28. September 2015, 3.47 Uhr	t

*Höhepunkt in MEZ (p = partiell, t = total)

Sonnenfinsternisse – Dunkelheit am helllichten Tage

Bisweilen schiebt sich der Mond zwischen Sonne und Erde, so dass sein Schatten als kleiner Punkt auf die Erde fällt (s. Abb. rechter Teil). In diesem Gebiet verdunkelt sich die Sonne. Allerdings nur für wenige Minuten, weil der Schatten mit hoher Geschwindigkeit über die Erdoberfläche huscht. Verdeckt der Mond die Sonne vollständig, nennt man das eine „totale" Finsternis: Dann sieht man von der Sonne nur noch ihre äußerste Gashülle, die Korona, die als unregelmäßiger weißer Kranz erstrahlt (vgl. S. 14), und für ein paar Minuten erscheinen am Himmel die hellsten Sterne. Deckt der Mond die Sonne nur teilweise ab, heißt die Finsternis partiell. Totale Sonnenfinsternisse sind an sich nicht selten. Weil sie aber immer nur ein kleines Gebiet der Erde treffen, erlebt eine bestimmte Region nur alle paar Jahrhunderte eine totale Sonnenfinsternis.

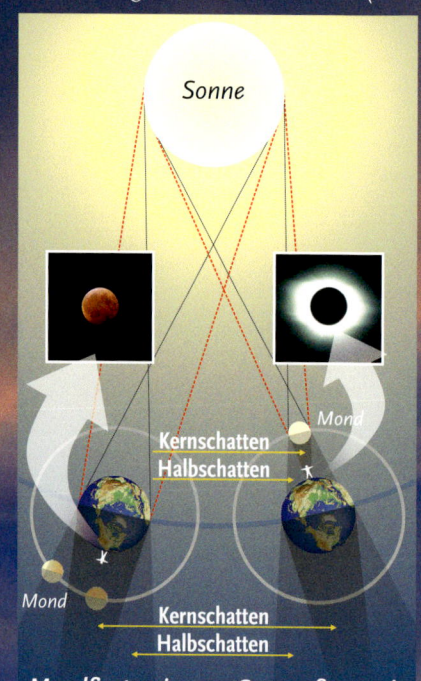

Sonne

Kernschatten
Halbschatten

Mond

Mond

Kernschatten
Halbschatten

Mondfinsternis   *Sonnenfinsternis*

So entstehen Sonnen- und Mondfinsternisse. Kleine Fotos: Der Anblick von Mond (links) bzw. Sonne (rechts) während einer Finsternis von der Erde aus.

Die nächsten Sonnenfinsternisse

1. August 2008, 11.21 Uhr	p*
4. Januar 2011, 9.50 Uhr	p
20. März 2015, 10.46 Uhr	p

*Höhepunkt in MEZ (p = partiell)

Kometen – Schweifsterne am Himmel

Helle Kometen (s. S. 24) erscheinen oft überraschend.
Sie ziehen nicht, wie manche Menschen glauben,
rasch über den Himmel, sondern sie wandern mit
dem Sterngewölbe. Nur im Laufe von Tagen sieht man,
dass sie ihre Position verändern. Kometen sind an sich
nicht selten, wohl aber solche, die auch für das bloße
Auge gut erkennbar sind. Einige dieser Schweifsterne
aber standen sogar wochenlang am Nachthimmel
– kein Wunder, dass sie Menschen früherer Zeiten als
„Schwerter" oder „Zuchtruten Gottes" Angst eingejagt
haben. Heute erfährt man schlechte Nachrichten eher
aus der Zeitung – aber auch, wann ein sehenswerter
Schweifstern am Himmel aufgetaucht ist.

Selten sind Kometen so
hell wie der Schweifstern
Hale-Bopp im Jahr 1997.

Sternschnuppen

... sind keineswegs selten, allerdings so
schnell vorbei, dass manche Menschen
nie eine gesehen haben. Hilfreich ist
eine längere Beobachtung des Nachthimmels. Die zweite Nachthälfte
ist dafür besonders gut geeignet,
denn dann befinden wir uns quasi
am Bug der Erde statt am Heck, so
dass die Chance von Kollisionen
mit Staubkörnchen aus dem All
steigt, die die Leuchterscheinungen hervorrufen. Zu manchen
Zeiten des Jahres steigt die
Sternschnuppenhäufigkeit,
weil die Erde einen Staubstrom
durchquert. Der berühmteste Sternschnuppenstrom sind die Perseïden,
die Mitte August ihren Höhepunkt
erreichen.

Beim Sternschnuppenstrom
der Perseïden scheinen alle
Leuchtspuren von einem Punkt
auszugehen, der im Sternbild
Perseus liegt; daher haben sie
ihren Namen. Den Ausstrah-
lungspunkt nennt man Radiant.

Satelliten und die Internationale Raumstation

Die Erde wird von derart vielen Satelliten umkreist,
dass kein Beobachtungsabend vergeht, ohne dass man
mehrere dieser Lichtpunkte langsam über den Himmel
ziehen sieht. Sie brauchen nur wenige Minuten, um
das Himmelszelt zu überqueren. Einer der Satelliten,
die Internationale Raumstation (ISS, s. S. 58), wird
gelegentlich heller als der hellste Stern am Himmel. Sie ist allerdings nur dann zu sehen, wenn
sie gerade den Ort des Beobachters überfliegt.
Die Internetseite www.heavens-above.com gibt
Auskunft, wann man mit ihrem Auftauchen
und dem anderer Satelliten rechnen darf.

Während der Aufnahme ist die ISS über den
Himmel gezogen und hat auf dem Foto eine
leuchtende Spur hinterlassen.

Günstige Zeiten für Planeten

Die besten Sichtbarkeitsphasen
der helleren Planeten Venus,
Mars, Jupiter und Saturn in den
nächsten Jahren am Abend-
himmel:

Beobachtungsphasen Venus

Herbst 2007, Morgenstern
Winter 2008/9, Abendstern
Sommer 2009, Morgenstern
Herbst 2010, Abendstern
Winter 2010/11, Morgenstern
Winter 2011/12, Abendstern
Herbst 2012, Morgenstern
Winter 2013/14, Abendstern
Frühjahr 2014, Morgenstern
Sommer 2015, Abendstern

Beobachtungsphasen Mars

Dezember 2007/Januar 2008*
Januar/Februar 2010
Februar/März 2012
März/April 2014
*Monate der besten Sichtbarkeit

Beobachtungsphasen Jupiter

Juli 2008*
August/September 2009
September/Oktober 2010
Oktober/November 2011
November/Dezember 2012
Dezember 2013/Januar 2014
Januar/Februar 2015
*Monate der besten Sichtbarkeit

Beobachtungsphasen Saturn

Februar/März 2008*
Februar/März 2009
März/April 2010
März/April 2011
April 2012
April/ Mai 2013
Mai 2014
Mai 2015
*Monate der besten Sichtbarkeit

Adressen, Links & www Lesetipps

Dieses Buch hat Ihnen einen Eindruck von unserem Universum, seinen immensen Weiten und faszinierenden Objekten vermittelt. Wenn es Ihr Interesse für die Wunder des Himmels geweckt haben sollte, liebe Leserin, lieber Leser, würden wir uns freuen: Dann hat es seinen Zweck erfüllt. Sie sollten dann auch gelegentlich einen Besuch im Planetarium erwägen, wo Sie unter einem an eine Kuppel projizierten, täuschend echten Sternenhimmel faszinierende Astro-Shows erleben können. Auf den folgenden Seiten finden Sie eine Auswahl von Planetarien im deutschsprachigen Raum. Vor einem Besuch ist es jedoch ratsam, sich per Internet oder Telefon über Programm und Öffnungszeiten zu informieren.

In vielen Orten gibt es auch Volkssternwarten, in denen Sie unter freiem Himmel Sterne, Nebel, Sternhaufen oder den Mond durch ein großes Teleskop beobachten können. Sternfreunde beantworten dort gerne Ihre Fragen. Auch hier haben wir eine Auswahl aufgelistet.

Und natürlich gibt es zahlreiche Links und Bücher zum Weiterlesen, in denen Sie viele Informationen, faszinierende Bilder und auch Tipps finden, die vor allem vor dem eventuellen Kauf eines Fernrohrs ratsam sind.

Planetarien

Augsburg
S-Planetarium
Im Thäle 3
86152 Augsburg
Tel.: (0821) 3246740
E-Mail: info@s-planetarium.de
www.planetarium-augsburg.de

Berlin
Wilhelm-Foerster-Sternwarte
und Planetarium
Munsterdamm 90
12169 Berlin
Tel.: (030) 7900930
E-Mail: wilhelm.foerster@inter.net
www.planetarium-berlin.de

Zeiss-Großplanetarium
Prenzlauer Alle 80
10405 Berlin
Tel.: (030) 42184512
E-Mail: zgp@astw.de
www.astw.de

Bochum
Zeiss Planetarium
Castroper Straße 67
44777 Bochum
Tel.: (02 34) 51606-0
E-Mail: planetarium@bochum.de
www.planetarium-bochum.de

Cottbus
Raumflugplanetarium
Juri Gagarin
Lindenplatz 21
03044 Cottbus
Tel.: (0355) 713109
E-Mail:
information@planetarium-cottbus.de
www.planetarium-cottbus.de

Freiburg
Planetarium Freiburg
Bismarckallee 7 g
79098 Freiburg
Tel.: (0761) 3890630
E-Mail: info@planetarium-freiburg.de
www.planetarium-freiburg.de

Fulda
Planetarium im Vonderau-Museum
Jesuitenplatz 2
36010 Fulda
Tel: (0661) 92835-0
E-Mail:museum@fulda.de
www.museum-fulda.de

Halle
Raumflugplanetarium
Peißnitzinsel 4 a
06108 Halle
Tel.: (0345) 8060317
home.arcor.de/schulplanetarium-
halle/

Hamburg
Planetarium
Hindenburgstraße 1 b
22303 Hamburg
Tel.: (040) 4288652-0
E-Mail:
verwaltung@planetarium-hamburg.de
www.planetarium-hamburg.de

Hannover
Planetarium der Bismarckschule
An der Bismarckschule 5
30449 Hannover
Tel: (0511) 168 43456
www.h.shuttle.de/h/bimsch/

Jena
Planetarium
Am Planetarium 5
07743 Jena
Tel.: (03641) 885488
E-Mail: order@sternevent.com
www.planetarium-jena.de

Kassel
Planetarium im Museum für
Astronomie und Technikgeschichte
Orangerie
An der Karlsaue 20 c
34121 Kassel
Tel: (0561) 31680500
E-Mail: info@museum-kassel.de
www.museum-kassel.de

Klagenfurt
Raumflugplanetarium
Villacher Straße 239
A-9020 Klagenfurt
Tel: 0043 ((0)463) 21700
E-Mail: planetarium@aon.at
www.planetarium-klagenfurt.at

Köln
Planetarium
Blücherstraße 17
50733 Köln
Tel: (0221) 71661429
E-Mail: info@koelner-planetarium.de
www.koelner-planetarium.de

Kreuzlingen
Planetarium und
Sternwarte Kreuzlingen
CH-8280 Kreuzlingen
www.avk.ch

Laupheim
Volkssternwarte
und Planetarium
Milchstraße 1 (ehemals Parkweg 44)
88471 Laupheim
Tel.: (07392) 91059
E-Mail:
contact@planetarium-laupheim.de
www.planetarium-laupheim.de

Luzern
Planetarium im
Verkehrshaus der Schweiz
Lidostraße 5
CH-6006 Luzern
Tel.0041 (0) 413704444
E-Mail: mail@verkehrshaus.ch
www.verkehrshaus.ch

Mannheim
Planetarium
Wilhelm-Varnholt-Allee 1
68165 Mannheim
Tel.: (0621) 415692
E-Mail:
info@planetarium-mannheim.de
www.planetarium-mannheim.de

Münster
Planetarium im Naturkundemuseum
Sentruper Straße 285
48161 Münster
Tel.: (0251) 59105
E-Mail:
Naturkundemuseum@lwl.org
www.planetarium-muenster.de

Nürnberg
Nicolaus-Copernicus-Planetarium
Am Plärrer 41
90317 Nürnberg
Tel.: (0911) 9296553
E-Mail:
planetarium@stadt.nuernberg.de
www.planetarium-nuernberg.de

Osnabrück
Museum am Schölerberg/
Planetarium
Am Schölerberg 8
49082 Osnabrück
Tel.: (0541) 56003-0
E-Mail:
info@museum-am-schoelerberg.de
www.planetarium-osnabrueck.de

Potsdam
Planetarium-Beobachtungsstation
Gutenbergstraße 71/72
14467 Potsdam
Tel: (0331) 2702724
E-Mail:
Planetarium.Potsdam@t-online.de
www.urania-potsdam.de

Recklinghausen
Westf. Volkssternwarte/Planetarium
Stadtgarten 6
45657 Recklinghausen
Tel.: (02361) 23134
E-Mail:
info@sternwarte-recklinghausen.de
www.sternwarte-recklinghausen.de

Schwaz
Zeiss-Planetarium Schwaz
Alte Landstr. 15
A-6130 Schwaz/Tirol
Tel.: 0043 ((0)5242) 72129
E-Mail: info@planetarium.at
www.planetarium.at

Stuttgart
Carl-Zeiss-Planetarium mit
Sternwarte Welzheim
Mittlerer Schlossgarten
70173 Stuttgart
Tel.: (0711) 1629215
E-Mail:
info@planetarium-stuttgart.de
www.planetarium-stuttgart.de

Wien
Zeiss Planetarium
Oswald-Thomas-Platz 1
A-1020 Wien
Tel.: 0043 (1) 7295494-0
E-Mail: admin@planetarium-wien.at
www.planetarium-wien.at

Wolfsburg
Planetarium
Uhlandweg 2
38440 Wolfsburg
Tel.: (05361) 21939
E-Mail:
info@planetarium-wolfsburg.de
www.planetarium-wolfsburg.de

Volkssternwarten

Aachen
Sternwarte am Hangeweiher,
VHS Aachen
Peterstr. 21-25 · 52062 Aachen
www.sternwarte-aachen.de

Augsburg
Astronomische Vereinigung
Augsburg e.V.
Pestalozzistraße,
86420 Diedorf/Augsburg
www.astronomische-vereinigung-augsburg.de

Basel
Astronomischer Verein
Venusstraße 7
CH–4102 Binningen
basel.astronomie.ch

Berlin
Archenhold-Sternwarte
Alt-Treptow 1 · 12435 Berlin-Treptow
www.astw.de

Bielefeld
Schulsternwarte Brackweder
Gymnasium
Beckumer Straße 10 · 33647 Bielefeld
home.arcor.de/sternwarte-bi-brackwede

Bonn
Volkssternwarte Bonn e.V.
Poppelsdorfer Allee 47 · 53115 Bonn
www.volkssternwarte-bonn.de

Bozen
Max Valier Sternwarte
Verein zur Förderung der
Astronomie in Südtirol
Neustifterweg 5
I–39100 Bozen
www.sternwarte.it

Braunschweig
Sternfreunde Braunschweig-
Hondelage e.V.
Ackerweg 1 b · 38108 Braunschweig
www.sternfreunde-hondelage.de

Dortmund
Sternwarte im Westfalenpark
Astronomischer Verein Dortmund e.V.
Hörder Bahnhofstraße 9
44263 Dortmund

Duisburg
Rudolf-Römer-Sternwarte
Rheinhausen e.V.
Schwarzenberger Straße 147
47226 Duisburg
www.rudolf-roemer-sternwarte.de

Eisenstadt
Burgenländische Landessternwarte
Dr.-Karl-Renner-Straße 1
A-7000 Eisenstadt
www.lsw-bgld.org

Essen
Walter-Hohmann-Sternwarte
Wallneyer Straße 159 · 45133 Essen
www.walter-hohmann-sternwarte.de

Frankfurt am Main
Volkssternwarte des Phys.
Vereins Frankfurt
Robert-Mayer-Straße 2-4
60054 Frankfurt am Main
www.physikalischer-verein.de

Freiburg
Sternfreunde Breisgau e.V.
Vereinssternwarte Schauinsland
Rosenstr. 1 a · 79108 Freiburg
www.sternfreunde-breisgau.de

Fulda
Hans-Nüchter-Sternwarte
Domänenweg 2 · 36037 Fulda
www.hans-nuechter-sternwarte.de

Hagen
Volkssternwarte
Eugen-Richter-Turm · 58135 Hagen
www.sternwarte-hagen.de

Hamburg
Gesellschaft für volkstümliche
Astronomie e.V.
Walddoerfer Straße 209
22047 Hamburg
www.gva-hamburg.de

Hannover
Volkssternwarte
Am Lindener Berg 27
30449 Hannover
www.sternwarte-hannover.de

Hattingen
Volkssternwarte Hattingen e.V.
Schonnefeldstr. 23 · 45326 Essen
www.sternwarte-hattingen.de

Hildesheim
Volkssternwarte „Gelber Turm"
Auf dem Spitzhut · 31141 Hildesheim
www.vhs-hildesheim.de/gelber_turm

Jena
Urania-Sternwarte
Schillergässchen 2 a · 07745 Jena
www.urania-sternwarte.de

Karlsruhe
Sternwarte des
Max-Planck-Gymnasiums
Krokusweg · 76199 Karlsruhe
www.avka.de

Kassel
Astronomischer Arbeitskreis
Kassel e.V.
Wilhelmshöher Allee 300 a
34131 Kassel
www.astronomie-kassel.de

Kiel
Gesellschaft für volkstümliche
Astronomie (GvA) e.V.
Hofbrook 64 · 24119 Kronshagen
www.gva-kiel.de

Klagenfurt
Sternwarte Kreuzbergl
Giordano Bruno Weg 1
A-9020 Klagenfurt
www.planetarium-klagenfurt.at

Köln
Volkssternwarte
Nikolausstraße 55 · 50937 Köln
www.volkssternwarte-koeln.de

Krefeld
Vereinigung Krefelder
Sternfreunde e.V.
Yorckstraße 42 · 47800 Krefeld
www.vks-krefeld.de

Linz
Johannes Kepler Sternwarte Linz
Sternwarteweg 5
A-4020 Linz
www.sternwarte.at

Mainz
Volkssternwarte Mainz
Karmeliterplatz 1 · 55116 Mainz
www.astro-mainz.de/vsw

Mönchengladbach
Astronomischer Arbeitskreis
Mönchengladbach e.V.
Engelsholt 143
41069 Mönchengladbach
www.astro-mg.de

München
Planetarium und Bayerische
Volkssternwarte
Rosenheimer Str. 145 h
81671 München
Tel.: (089) 406239
www.sternwarte-muenchen.de

Münster
Sternfreunde Münster e.V.
Sentruper Straße 285 · 48161 Münster
www.sternfreunde-muenster.de

Nürnberg
Sternwarte Nürnberg
Nürnberger Astronomische
Arbeitsgemeinschaft e.V.
Regiomontanusweg 1
90491 Nürnberg
www.sternwarte-nuernberg.de

Salzburg
Arbeitsgruppe für Astronomie
Am „Haus der Natur"
Raphael-Donner-Straße 8
A-5026 Salzburg
astronomie.hausdernatur.at

Schwanden ob Sigriswil
Sternwarte/Planetarium
Sirius, Halten
CH-3657 Schwanden
Ob Sigriswil
www.sternwarte-planetarium.ch

St. Pölten
Niederösterreichische
Amateurastronomen
Schuhmeierstraße 1
A-3100 St. Pölten
www.noe-sternwarte.at

Stuttgart
Schwäbische Sternwarte
Zur Uhlandshöhe 41 · 70188 Stuttgart
www.sternwarte.de

Trier
Sternwarte Trier e.V.
Hofberg 40 · 54296 Trier
www.uni-trier.de/sternwarte

Tübingen
Astronomische Vereinigung
Tübingen e.V.
Waldhäuser Straße 64
72076 Tübingen
www.sternwarte-tuebingen.de

Wien
Wiener Arbeitsgemeinschaft
für Astronomie
Dreyhausenstraße 11/53
A-1140 Wien
www.waa.at

Kuffner-Sternwarte
Johann-Staud-Straße 10
A-1160 Wien
www.kuffner.ac.at

Urania-Sternwarte
Uraniastraße 1
A-1010 Wien
www.urania-sternwarte.at

Wiesbaden
Astronomische Gesellschaft
Urania e.V. / Volkssternwarte
Bierstadter Straße 47
65189 Wiesbaden
www.urania-wiesbaden.de

Winterthur
Sternwarte Eschenberg der
AG Winterthur
Breitenstraße 2
CH-8542 Wiesendangen
www.eschenberg.ch

Zürich
Urania-Sternwarte
Uraniastraße 9
CH-8000 Zürich
urania.astronomie.ch

Weitere Planetarien und Volkssternwarten im deutschsprachigen Raum finden Sie unter www.sternklar.de/gad.

Internetlinks

www.astronomie.de
Das große Astronomie-Portal
in Deutschland

www.astrolink.de
Immer aktuelle Infos über
Astronomie und Raumfahrt

www.br-online.de/alpha/centauri
Astrosendungen und -infos im
Bayrischen Rundfunk

www.vds-astro.de
Die Homepage der überregionalen
Vereinigung der Sternfreunde

members.eunet.at/astbuero/av.htm
Die Homepage des
Österreichischen Astronomischen
Vereins

www.astronomie.ch
Die Homepage der Schweizerischen
Astronomischen Gesellschaft

www.eso.org
Die Europäische Südsternwarte ESO

www.esa.int
Die Europäische Raumfahrtagentur
ESA

antwrp.gsfc.nasa.gov/apod
Das Astrofoto des Tages

hubblesite.org/newscenter
Das Neueste vom Hubble-Weltraumteleskop

www.jpl.nasa.gov
Die Planetensonden der NASA

sohowww.estec.esa.nl
Raumsonde SOHO, aktuelle
Sonnenbilder

www.spaceweather.com
Aktuelle Angaben zur
Sonnenaktivität

sunearth.gsfc.nasa.gov/eclipse
Alles über Sonnenfinsternisse

www.heavens-above.com
Infos über Satelliten-Passagen am
Himmel

www.eumetsat.int/home/Main/
Image_Gallery/Real-time_Images
Aktuelle Wettersatelliten-Bilder

www.wetter.com
Lokale Wettervorhersagen des
Deutschen Wetterdienstes

Lesetipps aus dem Kosmos-Verlag

Sternbilder erkennen

Hahn, H.-M.:
**Was tut sich am
Himmel**
Erscheint jährlich
Das Taschenjahr-
buch mit allen wichti-
gen Himmelsereig-
nissen

Hahn, H.-M., Weiland, G.:
Sternkarte für Einsteiger
ISBN: 978-3-440-10613-6
Sternkarte easy – ein
Dreh genügt
auch nachtleuchtend
erhältlich
ISBN:
978-3-440-07923-2

Kerste, A.:
**Das Kosmos
Sternkarten-Set**
ISBN: 978-3-440-10503-0
Der aktuelle Sternen-
himmel zum Aufstellen
auf den Schreibtisch

Schittenhelm, K. M.:
Sterne finden ganz einfach
ISBN: 978-3-440-10220-6
Mit besonders anschau-
lichen und einfachen
Sternkarten perfekt für
Einsteiger

Vogel, M.:
**Kosmos Sternführer für
unterwegs**
ISBN: 978-3-440-10614-3
Der kleine Sternführer
für die Jackentasche

Vogel, M.:
Welcher Stern ist das?
ISBN: 978-3-440-10889-5
Besonders umfangreich
und preisgünstig: Alle
Sternbilder der Welt in
Einzeldarstellung

Das Universum
entdecken

Garlick, M.:
**Der große Atlas
des Universums**
ISBN: 978-3-440-10553-5
Eine einzigartig an-
schauliche Reise durch
die Astronomie

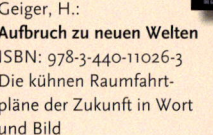

Geiger, H.:
Aufbruch zu neuen Welten
ISBN: 978-3-440-11026-3
Die kühnen Raumfahrt-
pläne der Zukunft in Wort
und Bild

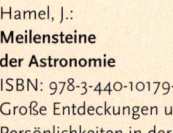

Hahn, H.-M.: **Outer Space**
ISBN: 978-3-440-09166-1
Eine spektakuläre Foto-
reise durch unser Sonnen-
system

Hamel, J.:
**Meilensteine
der Astronomie**
ISBN: 978-3-440-10179-7
Große Entdeckungen und
Persönlichkeiten in der
Astronomie

Herrmann, D. B.:
**Die große Kosmos Him-
melskunde mit DVD Video**
ISBN: 978-3-440-10928-1
Das Astro-Grundwissen
von Planeten bis Galaxien,
mit 60 Minuten Videofil-
men und Animationen

Keller, H.-U.:
**Wörterbuch
der Astronomie**
ISBN: 978-3-440-09661-1
Das perfekte Nachschla-
gewerk für Einsteiger

Kippenhahn, R.:
Kippenhahns Sternstunden
ISBN: 978-3-440-10424-8
Unterhaltsame Lehr-
Stündchen aus der
Sternenwelt

Köthe, R.:
**Populäre Irrtümer über
Sonne, Mond und Sterne**
ISBN: 978-3-440-10182-7
Irrtümer, Binsenweisheiten
und Alltagswissen auf dem
Prüfstein

Mackowiak, B.:
Die Kosmos Sternenkunde
ISBN: 978-3-440-10735-5
100 spannende Fragen rund
um die Astronomie, mit
dem Himmels-Simulations-
programm RedShift auf CD

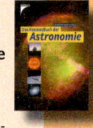

May, B., Moore, P., Lintott, C.:
Bang!
ISBN: 978-3-440-11125-3
Die Geschichte des
Universums, erzählt von
der Queen-Rocklegende
Brian May

Schilling, G.:
**Das Kosmos Buch der
Astronomie**
ISBN: 978-3-440-09408-2
Übersichtlich und leicht
verständlich: Alles, was
man über die Himmels-
kunde wissen muss

Vaas, R.:
**Tunnel durch Raum
und Zeit**
ISBN: 978-3-440-09360-3
Spannender Streifzug
durch die Rätsel von Raum
und Zeit

Astronomie als
Hobby

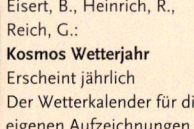

Celnik, W., Hahn, H.-M.:
Astronomie für Einsteiger
ISBN: 978-3-440-09090-9
Die Anleitungs-Fibel für
Hobby-Astronomen

Eisert, B., Heinrich, R.,
Reich, G.:
Kosmos Wetterjahr
Erscheint jährlich
Der Wetterkalender für die
eigenen Aufzeichnungen

Keller, H.-U.:
Kosmos Himmelsjahr
Erscheint jährlich
Das umfangreiche und
beliebte Jahrbuch für
Hobby-Astronomen

Register

Kursive Seitenzahlen beziehen sich auf Bildlegenden.

Bildnachweis

o.– oben, M – Mitte, u. – unten, l. – links, r.– rechts

Archiv Archenhold-Sternwarte, Berlin: 25 M.r.; **Archiv Kosmos**: 11 M., 12 o.l., 15 M.r., 16 r., 48 M.r, 52 o.l. (beide), 52 M., 52 u.r., 53 M.l. (beide), 53 o. (beide), 53 M., 53 M.r., 54 u., 55 o.r. (Hintergrund), 61 o., 65 u., 72 u.r., 73 M.; **Klaus Bauer, Esslingen**: 17 o.r.; **Stefan Binnewies, Much**: 64 l., 82 in Illustration r., 82/83 (Panoramafoto); **Bildarchiv Briemle, Aulendorf**: 60 M.r.; **CNES/Corot**: 36 o.l.; **ESA**: 19 M., 57 u., 59 M. unterer Teil; **ESO**: Buchinnendeckel (vorne und hinten), 10/11 (Panoramafoto), 12 u., 37 M., 41 o., 41 M.u., 42 u., 54 M.l., 55 o.M., 55 M.; **Reinhard Fürst, Stuttgart**: 15 M.o.; **Martin Gertz, Sternwarte Welzheim/Planetarium Stuttgart**: 12 u.M., 13 o.r., 14 M.r., 25 M.l., 40/41 (Panoramafoto), 55 u.r., 62/63 (Panoramafoto), 65 l.u., 82 in Illustration l., 83 o.M.; **IRAS/IPAC**: 30 M.; **Königlich Schwedische Akademie der Wissenschaften**: 14 u.r.; **Ute Kraus/Axel Mellinger**: 34 u.; **MPI f. Astrophysik**: 44 u.r. (beide), 44/45 (Panoramabild); **NAIC/Arecibo Observatory**: 37 u.; **NASA**: 12/13 (Panoramafoto), 13 o.M., 15 u., 35 o.r., 46/47 M., 53 u., 56 o.l., 57 2.v.o., 58 l.o., 58 M., 58 u., 58 u.r., 59 o. linker Teil; **NASA/Chandra**: 35 M.r., 41 M.u.M., 57 2.v.u.; **NASA/ESA**: 14 o.l., 14/15 (Panoramafoto), 15 M., 22 u.l.&.r., 45 o.; **NASA/ESA/STScI**: 25 M.l.u., 26/27, 31 o.l., 31 u., 38/39, 42 v.l. bis M. (alle), 43 u.l., 43 M.l., 43 u.r. (beide), 44 M., 45 r.u. (beide), 47 o., 47 M., 55 M.r., 80 M., 81 u.l., 81 u.r., 83 r.2.v.o., 83 r 2.v.u., 83 r.u.; **NASA/JPL**: 13 M. (beide), 16 o.l. (beide), 16 u.l. (beide), 16/17 (Panoramafoto), 17 M., 18 o.l., 18 M., 18 u., 18/19 (Panoramafoto), 19 o.l., 20 o.l., 20 M. (beide), 20/21 (Panoramafoto), 21 o.r. (alle), 21 M. (alle), 22 o.l., 22 M.l.&r., 22 u., 23 M. (beide), 23 u., 24 o.l., 24 u.l., 25 o., 25 u.(alle), 59 o., 59 M. oberer Teil; **NASA/JPL/Terra**: 10 o.l.; **NASA/Spitzer**: 2, 36/37 (Panorama-Illustration), 40 o.l., 41 M.o., 46/67 (PanoramaIllustration), 57 o.r.; **NOAO/AURA**: 31 o.r., 31 M.l., 41 M.r., 42 u.o., 42 (Panoramafoto), 43 o.r. (beide), 50/51, 69 o.r., 73 u., 76 u., 77 M.; **NRAO/AUI**: 56 M.r. (alle); **Pixelquelle**, www.pixelio.de: 52/53 (Panoramafoto), 60/61 (Panoramafoto); **Planetarium Hamburg**: 84/85; **Stefan Seip**, www.astromeeting.de: 19 o.r., 83 o.r.; **SETI/University of California**: 37 o.; **Martin Wagner, Sonnenbühl**: 21 M.r., 83 u.l.; **W. M. Keck Observatory**: 54/55 (Panoramafoto)

Alle Illustrationen von Gunther Schulz, Fußgönheim.

Impressum

Umschlaggestaltung von eStudio Calamar unter Verwendung einer Illustration von Ralf Schoofs/Astrofoto und Innenseiten dieses Buches von Gunther Schulz, Fußgönheim.

Mit 145 Farbfotos, 5 Schwarzweißfotos und 101 Illustrationen (Bildnachweis s. oben).

Unser gesamtes lieferbares Programm und viele weitere Informationen zu unseren Büchern, Spielen, Experimentierkästen, DVDs, Autoren, und Aktivitäten finden Sie unter **www.kosmos.de**

Gedruckt auf chlorfrei gebleichtem Papier

© Franckh-Kosmos Verlags-GmbH & Co. KG, Stuttgart
Alle Rechte vorbehalten
ISBN: 978-3-440-10860-4
Redaktion: Justina Engelmann
Gestaltungskonzept & Satz: Gunther Schulz, Fußgönheim
Produktion: Siegfried Fischer, Ralf Paucke
Printed in Germany / Imprimé en Allemagne

Licht aus – Sterne an!

Klaus M. Schittenhelm
**Sterne finden
ganz einfach**
94 Seiten
76 Abbildungen, 29 Sternkarten
€/D 9,95; €/A 10,30; sFr 19,10
ISBN 978-3-440-10220-6

- Ideal für Einsteiger – die schönsten 25 Sternbilder des Himmels schnell finden und immer wieder erkennen.

- Große, übersichtliche Sternkarten mit Aufsuchpfeilen und einer Hand als Maßstab.

Hahn/Weiland
**Nachtleuchtende
Sternkarte für Einsteiger**
Sternkarte (29 x 24 cm)
1 Anleitungsheft
€/D 12,90; €/A 13,30; sFr 24,90
ISBN 978-3-440-07923-2

- Schnelle Orientierung durch übersichtliches Kartenbild und einfache Handhabung.

- Mit praktischem Anleitungsheft für erste Himmelsbeobachtungen.

- Leuchtet im Dunkeln!

www.kosmos.de

Preisänderungen vorbehalten

KOSMOS